"十三五"高等院校数字艺术精品课程规划教材
教育部－时光坐标产学合作协同育人项目实践教材

Premiere Pro CC
数字影视剪辑

全彩慕课版

姜自立 季秀环 主编／陈奕 李百晓 副主编

U0191241

人民邮电出版社
北 京

图书在版编目（CIP）数据

Premiere Pro CC数字影视剪辑：全彩慕课版 / 姜
自立，季秀环主编． -- 北京：人民邮电出版社，2020.6（2024.1重印）
"十三五"高等院校数字艺术精品课程规划教材
ISBN 978-7-115-54096-6

Ⅰ．①P… Ⅱ．①姜… ②季… Ⅲ．①视频编辑软件—
高等学校—教材 Ⅳ．①TN94

中国版本图书馆CIP数据核字（2020）第089976号

内 容 提 要

　　本书从影视创作的行业需求和实战应用角度出发，基于数字视频编辑的工作流程，循序渐进地讲解 Premiere 在数字影视剪辑方面的基础知识与核心功能，包括数字视频基础知识、Premiere 入门介绍、编辑技术、运动效果、视频转场、视频特效、音频处理、字幕设计、导出作品等。最后通过宣传片和微视频创作两个综合案例，对完整的数字影视剪辑工作流程进行了实战演练。全书以"知识技能+课堂案例"的形式串联技能要点，让学习者通过案例强化知识体系，领会设计意图，增强实战能力。书中案例大多来自于影视传媒公司的一线商业项目，紧跟行业流行趋势，有利于提升读者的学习兴趣、岗位技能和创作水平。

　　本书可作为各类院校数字媒体艺术、数字媒体技术与应用、动漫与游戏制作等影视传媒类相关专业以及培训机构的教材，也可作为影视制作爱好者的参考用书。

◆ 主　　编　姜自立　季秀环

　　副 主 编　陈　奕　李百晓

　　责任编辑　桑　珊

　　责任印制　马振武

◆ 人民邮电出版社出版发行　　北京市丰台区成寿寺路 11 号

　　邮编　100164　　电子邮件　315@ptpress.com.cn

　　网址　https://www.ptpress.com.cn

　　北京瑞禾彩色印刷有限公司印刷

◆ 开本：787×1092　1/16

　　印张：12　　　　　　　　　　2020 年 6 月第 1 版

　　字数：294 千字　　　　　　　2024 年 1 月北京第 11 次印刷

定价：69.80 元

读者服务热线：(010)81055256　印装质量热线：(010)81055316
反盗版热线：(010)81055315
广告经营许可证：京东市监广登字 20170147 号

FOREWORD —————————————— 前 言

本书全面贯彻党的二十大精神，以社会主义核心价值观为引领，传承中华优秀传统文化，坚定文化自信，使内容更好体现时代性、把握规律性、富于创造性。

拿起手机随手一拍，简单剪辑成短视频上传到短视频平台上，已成为大众分享生活的一种流行趋势。作为 Adobe 公司开发的一款被广泛应用的视频编辑软件，Premiere 几乎可以随时随地帮助用户制作出视觉效果惊人的视频，创建出适用于电影、电视和网络的专业作品。

本书从影视创作的行业需求和实战应用角度出发，基于数字视频剪辑的基本工作流程，循序渐进地讲解 Premiere 软件在数字影视剪辑方面的基础知识与核心功能。全书共分为 10 章，第 1 章为数字视频基础知识，主要介绍了数字视频的基础理论、影视剪辑的基本术语和常用的剪辑软件；第 2 ～ 9 章通过多个案例，详细讲解了 Adobe Premiere Pro CC 2017 的工作界面和工作流程，包括 Premiere 入门介绍、编辑技术、运动效果、视频转场、视频特效、音频处理、字幕设计、导出作品等；第 10 章综合实战，通过宣传片和微视频创作两个综合案例，对完整的数字影视剪辑工作流程进行实战演练，有利于综合提升学习者的岗位技能和创作水平。

本书以"知识技能 + 课堂案例"的形式安排知识点的学习，结构清晰，案例丰富。

（1）在各章的开头安排了"本章导读""知识目标""技能目标"，对各章需要掌握的学习要点与技能目标进行提示，帮助学习者理清学习脉络，抓住重点难点。

（2）在正文部分通过知识讲解与"课堂案例"，对数字影视剪辑工作流程中的每一项技能进行了讲解。对每一个课堂案例都给出了详细的操作步骤，并录制了教学视频，图文并茂，讲解清晰，从而帮助学习者强化知识体系，领会设计意图，增强实战能力。

（3）在每章的最后安排了课后习题，用于巩固所学知识，帮助学习者加深理解，拓展对 Premiere 软件操作的实践与应用能力，进一步掌握符合实际工作需要的影视剪辑技术。

本书提供了立体化的教学资源，书中所有的课堂案例和课后习题均提供原始素材和源文件，并配套高质量教学视频、精美教学课件和章节教案等教学文件。对于操作性较强的知识和实践案例，学习者可以通过观看视频来强化学习效果。

本书作为教育部时光坐标产学合作协同育人项目——"数字媒体艺术创作"教学内容和课程体系改革成果的规划教材，由来自高等院校教学一线、具有丰富教学经验的专业教师和来自时光坐标影视传媒公司行业一线、具有多年影视创作实践经验的设计师合作撰写完成。本书由姜自立、季秀环担任主编，陈奕、李百晓担任副主编，并邀请陈晨、张云龙等相关行业人员参与了教材的创意设计及部分内容编排工作，使教材更符合行业和企业的标准；本书中所有的案例和习题均经过院校老师和学生上机实测验证，力求使每一位学习者都可以享受成功的乐趣。

在编写本书的过程中，我们力求精益求精，但难免存在疏漏之处，敬请广大读者批评指正。

编 者

2023 年 5 月

Premiere

CONTENTS 目录

CONTENTS 目录

—04—

第4章 运动效果

—05—

第5章 视频转场

Premiere

CONTENTS 目录

—06—

第6章 视频特效

—07—

第7章 音频处理

Premiere

CONTENTS ———————————— 目录

―08―

第8章　字幕设计

―09―

第9章　导出作品

―10―

第10章　综合实战

01

第1章
数字视频基础知识

▶ **本章导读**

　　在人类接收的各种信息中，大约有 80% 来自于视觉。视频是我们十分常见的，表现具体、信息量丰富的媒体形式。我们通过摄像机、手机等设备拍摄影像，并通过电视、电影、互联网等媒介传播视频。数字视频是将影像的颜色和亮度信息转变为电信号，以数字形式记录的视频。本章介绍数字视频的基础知识以及数字视频剪辑常用的非线性编辑技术的一些关键名词和常用术语。

知识目标

- 了解非线性编辑的优缺点。
- 知道常用的数字视频编辑软件。
- 知道常用的电视制式。
- 掌握常用的数字视频编辑基础知识。

慕课视频

数字视频
基础知识

技能目标

- 熟悉数字视频编辑软件的基本功能。

1.1 数字视频概述

数字视频，顾名思义，即以数字信号的形式记录的视频，它是和模拟视频相对应的概念。数字视频有不同的产生方式、存储方式和播出方式。例如，通过数字摄像机直接产生数字视频信号，存储在存储卡、蓝光盘或者磁盘中，从而得到不同格式的数字视频，并通过不同的数字设备（如计算机、数字电视、手机等）进行传输和播放。

随着数字影像技术的不断发展，以数字摄影机作为拍摄工具已成为主流，数字视频在影视工业流程中所占的比重越来越大，在互联网和移动端，数字视频也凭借其巨大优势，不断丰富着人们的文化生活。

1.1.1 非线性编辑

1. 非线性编辑的概念

自 20 世纪 90 年代初起，随着计算机技术的发展，西方国家的一些媒体将数字技术与影视制作相结合，开始使用计算机制作影视节目，为此发明了非线性编辑系统。非线性编辑系统的出现为电视制作者提供了一种方便、快捷、高效的编辑方法，它的诞生可以说是电视节目制作领域的一次革命。如今，非线性编辑系统不仅广泛应用于电影和电视节目后期制作，在网络短视频创作者和自媒体创作者等人群中也得到了广泛应用，如图 1-1 所示。

图 1-1

非线性编辑是音视频节目的一种编辑手段，是相对于线性编辑而言的。它是一种可以任意对画面的顺序进行编辑和重新组接，而不必按镜头的原本顺序编辑音视频节目的编辑手段。非线性编辑以视听信号能够随机记录和读取为基础。非线性编辑允许任意调整音视频素材编辑的工作顺序，无论是对单个镜头还是一段镜头，都可以采用交叉跳跃的方式进行编辑，对已编辑部分的修改不影响剩余部分，无须对其后面的其他部分进行重新编辑或者再次转录。非线性编辑是传统设备同计算机技术相结合的产物，它利用计算机技术数字化所有音视频片段，并将它们存储在磁盘中。通过计算机与媒体的交互性，人们可以利用存储的数字化文件，反复更新和编辑音视频节目。从本质上讲，这种技术提供了一种方便、快捷、高效的音视频编辑手段。

2. 非线性编辑的特点

（1）数字信号的素材，保证了节目画面的高画质和高分辨率。非线性编辑的技术核心是用数字信号处理视频信号。非线性编辑以计算机为核心，以数字技术为基础，使编辑制作进入了数字化时代。

（2）自由易操作。非线性编辑能够轻松地完成插入、修改及删除等编辑任务，真正实现非线性功能，为制作者提供了更多发挥创造性思维的空间。

（3）系统集成度高，集多种功能于一身。非线性编辑系统集传统的播放、录制、编辑、特效、变速、调音、字幕等设备于一身，一套非线性编辑系统几乎涵盖电影、电视后期制作设备的所有功能，操作更加便捷，上手难度更低。硬件结构的简化，现实中也降低了整个系统的投资成本和运营成本。

1.1.2 电视制式

1. 什么是电视制式

电视信号的制作和播放标准简称电视制式，可以简单地理解为用来实现电视图像或声音信号的制作和播放的一种技术标准（即一个国家或地区播放电视节目时所采用的特定制度和技术标准）。

各国的电视制式不尽相同，制式的区分主要体现在其帧频（场频）的不同、分解率的不同、信号带宽以及载频的不同、色彩空间转换关系的不同，等等。

2. 电视制式的分类

在模拟电视信号时代，世界上主要使用的电视广播制式有 PAL、NTSC、SECAM 3 种。中国大部分地区使用 PAL 制式，日本、韩国及东南亚地区与美国使用 NTSC 制式，俄罗斯则使用 SECAM 制式，见表 1-1。

表 1-1 模拟电视信号电视制式

电视制式	NTSC	PAL	SECAM
使用地区举例	美国、加拿大、日本、韩国	中国、德国、英国、意大利	俄罗斯、法国、埃及
帧速率（帧/秒）	30	25	25
垂直扫描线（场）	525	625	625
分辨率（像素）	720×480	720×576	720×576

进入数字时代，数字电视以其高清晰度，可存储更多的电视节目，拥有更多的用户交互功能，带有收视指南信息等优点，成为未来电视广播的主流发展方式。数字电视系统可以传输多种电视信号类型，如高清晰度电视（简写为"HDTV"或"高清"）、标准清晰度电视（简写为"SDTV"或"标清"）、互动电视等。

1.1.3 常用的视频编辑软件

1. Adobe 公司的 Adobe Premiere Pro

Adobe Premiere Pro 简称 Pr，是由美国 Adobe 公司推出的一款功能强大的视频编辑软件，如图 1-2 所示，也是目前市场上应用非常广泛的视频编辑软件，既可以应用于微软公司的 Windows 平台中，又能运行在苹果公司的 mac OS 平台中。Adobe Premiere Pro 功能齐全，对计算机配置要求较高，用户可以自定义工作界面，可以无限添加视频轨道，利用"关键帧"功能，可以轻松制作出动感十足的视频。

其主要有以下特点。

（1）全流程的视频剪辑系统。在 Adobe Premiere Pro 中，用户可以完成从采集、剪

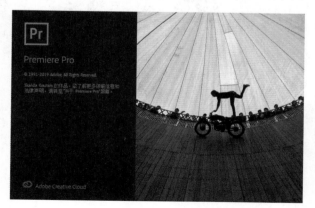

图 1-2

辑、调色、调音到字幕添加、输出、DVD 刻录等一整套流程的操作。

（2）更加便捷的团队协作。依托 Adobe Creative Cloud，Adobe Premiere Pro 用户可以直接在 Adobe Creative Cloud 内访问 Adobe 家族的所有资源，如动态图形模板。其内容可在桌面、移动设备和其他应用程序（如 Photoshop、After Effects）间紧密相连。依托 Adobe Anywhere，编辑视频时，用户可以交替进行处理，支持多人在任意时间、地点同时处理同一个视频。

（3）智能工具讲述更加引人入胜的故事。Adobe Premiere Pro 是适用于电影、电视和 Web 领域的业界领先的视频编辑软件。多种创意工具、与其他 Adobe 应用程序和服务的紧密集成以及 Adobe Sensei 的强大功能可以将素材打造为精美的影片和视频。借助 Premiere Rush，其可以从任何设备创建和编辑新的工作项目。

当然，Adobe Premiere Pro 也有一些缺点和不足，如对安装软件的计算机的硬件要求较高，且要求使用者具有一定的视频编辑常识。如果计算机配置低，软件运行会非常慢，有些特效渲染也不容易完成。计算机配置不高的用户，可以使用早期的 Adobe Premiere Pro CS6 版本或者 Adobe Premiere Pro CC 版本。

2. 苹果公司的 Final Cut Pro X

Final Cut Pro X 简称 FCP，是由苹果公司开发的一款运行在 mac OS 平台上的编辑软件，如图 1-3 所示。从开始到输出成片所需的剪辑工具 Final Cut Pro 一应俱全，其创新的功能和直观的界面设计，使后期制作工作的效率得以进一步提升。因此，剪辑师们能抓住稍纵即逝的灵感，挥洒自如地创作出心目中的满意杰作。

图 1-3

其主要有以下特点。

（1）简单易用，可视化程度比较高，适合刚入门的视频工作者使用。

（2）结合 mac OS 和苹果公司研发的 ProRes 视频编码使用时，运行流畅，后台渲染能够做到实时预览。

（3）与调色软件的交互性好，能够更好地衔接剪辑和调色流程。

（4）具有内容自动分析功能。载入视频素材后，系统可在用户进行编辑的过程中，自动在后台对素材进行分析，可根据媒体属性标签、摄像机数据、镜头类型，乃至画面中包含的元素进行归类整理。

3. Grass Valley 公司的 EDIUS

EDIUS 是美国 Grass Valley（草谷）公司发行的优秀非线性编辑软件，如图 1-4 所示，专为广播和后期制作环境而设计，在无带化视频制播和存储方面有一定的优势。EDIUS 提供了完善的基于文件工作流程的实时、多轨道、多格式混编、合成、色键、字幕和时间线输出功能。EDIUS 支持所有 DV、HDV 摄像机和录像机。在视频素材支持方面，其除了标准的 EDIUS 系列格式外，还支持 Infinity JPEG 2000、DVCPRO、P2、VariCam、Ikegami GigaFlash、MXF、XDCAM 和 XDCAM EX 格式的视频素材。

图 1-4

其主要有以下特点。

（1）人性化的界面，拥有较多的快捷键，操作简单，易上手。

（2）具有较好的兼容性，支持的插件和外挂软件较多，对机器配置要求较低。

（3）不仅支持的视频格式多，还对新格式的更新较快，这种优势不仅体现在输入、编辑阶段，还体现在输出交付阶段。

4. Avid 公司的 Media Composer

Media Composer 简称 MC，是 Avid 公司提供的一款为从事后期制作的专业人员设计的剪辑软件，如图 1-5 所示。依托 Avid 公司全系列的软件和硬件产品，它不仅可以满足专业影视工业流程的需要，还可帮助中小工作室及自媒体作者提升工作效率。

图 1-5

其主要有以下特点。

（1）软件功能全面，流程清晰明了。

（2）拥有自己的视频编码 DNxHD/DNxHR，后台自动转码，提高了编辑的流畅性，从而提高了工作效率。

（3）与原厂硬件相结合，拥有较强的稳定性和扩展性，能够胜任全流程的影视项目的制作要求。

当然，市面上的非线性编辑软件还有很多，例如，索尼公司开发的 Sony Vegas、Corel 公司的绘声绘影 Video Studio Pro 系列、品尼高公司的 Edition 和 Studio 系列等。从学习者的角度来讲，视频编辑软件的操作大同小异，使用哪一款软件或者利用某一软件的哪一个版本，其实并不重要，只要掌握了视频编辑软件的基本原理和操作技能，一样可以制作出好的作品，熟练掌握一款软件的操作后，即使转而使用其他软件，学习起来也更加简单容易。

初学视频编辑，在软件选择方面不要贪多，也不必追求软件的最新版本。基于此目的，考虑到大多数学习者的硬件学习环境，以及教学的方便，本书所讲授的软件内容和教学案例都是基于 Windows 平台中的 Adobe Premiere Pro CC 2017 工作环境来完成的。

1.2 视频编辑基础

视频编辑又称视频剪辑，是指利用视频编辑软件，对视频素材进行切割、合并，通过二次编码，生成具有不同表现力的新视频的过程。在这个过程中，可以加入图片、背景音乐、特效、场景等素材与视频进行重混合，用以实现不同需求。

如今，视频编辑已经不是仅局限于电视、电影从业者的专属技能，网络视频博主、自媒体作者也需要掌握视频编辑的方法。

视频编辑是一项系统的工作，因此，作为视频剪辑师要坚持系统观念，用普遍联系的、全面系统的、发展变化的观点看待视频剪辑，不仅要掌握软件的使用方法，还要掌握与数字视频相关的各类基础知识，本节将带大家了解与视频编辑相关的一些基础知识和常用名词。

1.2.1 帧和场

1. 帧

帧（Frame）是指是影像中最小单位的单幅影像画面，在早期电影胶片中每一格镜头就是一帧，每一帧就是一幅静止的画面，连续的帧形成动态影片。通常，每秒播放的帧数也称帧速率，单位是帧 / 秒，指的是 1 秒内显示的单个画面数量。帧速率越高，画面越流畅，所显示的动作也会越自然。

2. 场

场（Field）是以水平隔线的方式保存帧的内容，电视的每一帧画面是由若干条水平方向的扫描线组成的：PAL 制式为 625 行 / 帧，NTSC 制式为 525 行 / 帧。如果每一帧画面的所有行都是通过连续扫描完成的，则这种扫描方式称为逐行扫描（Progressive Scanning），在电视的标准显示模式中用"p"来表示，如 1080p25 指的是分辨率是 1920×1080、逐行扫描的、25 帧 / 秒的视频文件。

但是，为了节省带宽，传输更多的帧数，通常普通电视采用隔行扫描（Interlace Scanning）的方式来进行播放。隔行扫描电视的标准显示模式用"i"来表示。隔行扫描一帧需要扫描两边，第一遍只扫描奇数行，第二遍只扫描偶数行，一幅只显示奇数行或者偶数行的画面称为一"场"。其中，只含有奇数场的被称为奇数场或者上场（Top Field），只含有偶数场的被称为偶数场或者下场（Bottom Field）。一个奇数场加一个偶数场组成一个完整的帧。例如，1080i25（50i）指的是分辨率是 1920×1080、隔行扫描的、25 帧/秒（奇数场和偶数场各 25 个，一共 50 场）的视频文件。

1.2.2　像素宽高比

像素（Pixel）是组成图像的最小单位，无论是电影、电视，还是数字视频和图片，所显示的图像都是像素的集合，像素依照某种算法组合显示，构成一幅图像。每个像素都有明暗和色彩信息，单位范围内像素越多，显示的亮度和色彩信息就越多。

像素宽高比（PAR）又称像素比，是像素的宽度与高度的比率。在计算机中，单个像素的基础形状是正方形，像素宽高比也就是 1:1=1，对于 PAL 制式的电视来讲，它规定每帧的扫描行数为 625 行，用于扫描图像的有效行数为 576 行。按照 4:3 的屏幕比例，如果把像素看作方形，一帧图像在水平方向上就应该有 576×（4/3）=768 像素。

所以 PAL 制式的实际尺寸是 768×576，NTSC 制式是 640×486，但是电视厂商为了统一制式标准，将 D1/DV PAL 统一为 720×576，将 NTSC 统一为 720×486。

但实际播放时，720 像素的画面比 768 像素窄，为了能使 720 和 768 的画面看起来一样宽，唯一的办法就是把单个像素按照一定比例拉长，铺满整个画面，从而得到数值 768/720 像素约等于 1.067，NTSC 是 0.9，而这就是像素宽高比。

我国电视制式使用 PAL 制，统一使用的像素比数值是 1.07，而 Adobe 则规范 D1/DV PAL 制 4:3 画幅的像素比为 1.09，图 1-6 所示为在 Adobe Premiere Pro 中显示的 DV PAL 制式的预设信息。

图 1-6

1.2.3　项目和序列

1. 项目

项目和序列是 Premiere Pro 工作的基本载体。在进行视频剪辑前，都要先创建一个项目。项目中包含了用户所使用的所有图片、视频、音乐等有关的素材资源以及用户为剪辑而建立的每个序列，用户设置的编辑决策和效果等关键数据。项目中存储与序列和资源有关的信息，如捕捉、过渡和音频混合的设置；项目文件包含来自所有编辑决策的数据，如修剪剪辑的入点和出点以及每个效果的参数。当项目开始时，Premiere Pro 会在计算机磁盘中创建一个文件夹。默认情况下，其用于存储捕捉到的文件、创建的预览和匹配音频及项目文件本身。

对于用户所创建的每个项目，Premiere Pro 都会创建一个项目文件。Premiere Pro 不会将视频、音频或静止图像文件存储在项目文件中，而只是存储对这些文件的引用，即剪辑（基于导入时该文件的文件名和位置）。如果用户后来移动、重命名或删除了源文件，当用户下次打开项目时，则会显示离线文件，需要重新链接媒体。这种情况下，Premiere Pro 会弹出"链接媒体"对话框，提醒"缺少这些剪辑的媒体"，要求查找素材或者选择脱机操作，如图 1-7 所示。

图 1-7

默认情况下，每个项目都包括一个"项目"面板，用作项目中使用的所有剪辑的存储区域。用户可以使用"项目"面板的素材箱来组织项目的媒体素材和序列。

2. 序列

在 Premiere 中，序列是一组单独的编辑单元，是将项目中的不同素材按照一定的导演意图，依据出场的先后顺序排列而成的时间线。图 1-8 所示的是一个名称为 Main Comp2 的合成序列。一个项目可以包含多个序列，所有的序列共享所有的时基，项目中各序列的设置可以彼此不同。

图 1-8

序列也是项目的素材资源，可以将一个序列作为素材插入其他序列中，形成序列嵌套。可以像操作其他素材一样，对嵌套序列素材片段进行选择、移动、剪辑并增添效果。同样，依据对序列的不同设置，可以在同一项目中存储一个序列的多个变体。在影片的项目制作中，可将单个片段编辑为单独的序列，然后通过将这些片段嵌套到更长的序列中，将它们合并为最终的影片。

1.3 │ 课后习题

（1）熟悉数字视频剪辑的基本技术和概念。

（2）启动 Premiere，新建一个名称为 My Project 的项目和序列 01，选择 DV PAL- 标准48kHz 模式。

第 2 章

Premiere 入门介绍

▶ **本章导读**

　　本章以 Adobe Premiere Pro CC 2017 为例，对 Premiere 的工作界面进行介绍，同时，带领大家熟悉数字视频编辑的基本流程。通过本章的学习，学习者可以熟悉 Premiere Pro CC 的工作界面，学会自定义工作区，掌握常用的软件操作。

知识目标

- 了解软件的工作界面布局。
- 掌握加载和新建工作区的方法。
- 熟练掌握项目的创建方法。
- 掌握素材的导入方法。
- 熟悉素材的基本编辑方法。

慕课视频

Premiere
入门介绍

技能目标

- 掌握工作区中工具按钮的使用方法。
- 掌握渲染和输出方法。
- 掌握数字视频编辑的基本流程。

2.1 Premiere 工作界面

熟悉 Premiere 的工作界面，熟练掌握工作界面的基本操作，是学习 Premiere 的基础，有助于初学者日后得心应手地操作软件。

2.1.1 界面概述

Premiere Pro CC 的工作界面主要由标题栏、菜单栏及工作区构成，如图 2-1 所示。

图 2-1

标题栏和菜单栏在界面的最上方，标题栏显示 Premiere Pro CC 的版本以及项目文件存储的具体路径。

Premiere Pro CC 的操作都可以通过选择菜单栏中的选项来实现。菜单栏主要由 8 个部分组成，分别是"文件""编辑""剪辑""序列""标记""字幕""窗口""帮助"。其所有操作命令都包含在这些菜单和其子菜单中，如图 2-2 所示。

Pr Adobe Premiere Pro CC 2017 - D:\工作\Premiere教材编写\2019 Pr剪辑教材编写\第二章\第二章 Premiere入门介绍.prproj
文件(F) 编辑(E) 剪辑(C) 序列(S) 标记(M) 字幕(T) 窗口(W) 帮助(H)

图 2-2

2.1.2 工作区

在 Premiere Pro CC 中，各个窗口和面板的组合称为工作区布局。默认的工作区布局是编辑工作区布局，用户可以根据项目需要选择软件内置的不同的工作区布局，同时，用户可以自由编辑工作区各窗口和面板的位置和大小，以适应不同的操作习惯和项目需求。

在项目开始之前，首先要了解 Premiere Pro CC 工作区中常用的窗口和面板，本节将以编辑工作区布局为例，介绍组成 Premiere Pro CC 工作区的各个窗口和面板。

编辑工作区布局包含项目窗口、监视器窗口、序列和时间线窗口、工具面板、控制面板组（"媒体浏览器"面板、"信息"面板、"历史记录"面板、"效果"面板、"效果控件"面板、"音频剪辑混合器"面板等）以及主音频仪表窗口，如图 2-3 所示。

图 2-3

工作区内的每一个项目都显示在其的面板中，多个面板可以被合并在一个框架中，在将多个面板合并时，可能无法看到所有的面板，但此时会显示一个隐藏的面板菜单按钮。单击该面板菜单按钮，可以访问框架中的隐藏面板，如图 2-4 所示。

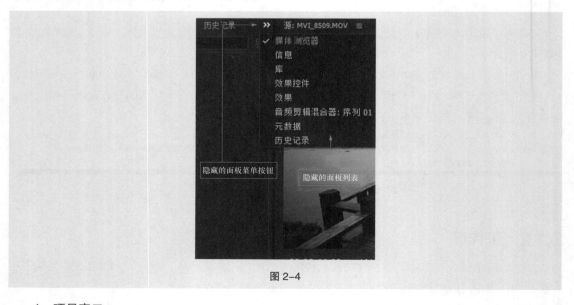

图 2-4

1. 项目窗口

项目窗口主要用于导入、存放和管理素材，项目在这里组织到项目媒体文件的链接。这些媒体文件包括视频文件、音频文件、图形、静态图像和序列。可以通过素材箱来组织视频剪辑。素材箱与文件夹类似，可以将一个素材箱放到另一个素材箱中，以方便对媒体素材进行高级管理，如图 2-5 所示。

图 2-5

2．监视器窗口

监视器窗口分为左、右两个窗口（监视器），如图 2-6 所示。左边是素材源监视器，主要用来预览或裁剪项目窗口选定的某一源素材；右边是节目监视器，主要用来预览序列和时间线窗口中正在编辑的素材，也是最终输出视频效果的预览窗口。

图 2-6

3．序列和时间线窗口

此窗口是以轨道的形式对视频、音频进行编辑的主要窗口，大部分的编辑工作在这里完成。素材片段按照播放时间的先后顺序以及合成的先后顺序在时间线上从左至右、由上而下排列在各自的轨道上，可以使用各种编辑工具对素材进行编辑操作，也可在此窗口中查看并处理序列（即一起进行编辑的视频片段）。时间线分为上下两个区域，上方为时间显示区，下方为轨道区，如图 2-7 所示。

图 2-7

4. 工具面板

工具面板是 Premiere 剪辑工作的重要组成部分，面板中每个图标代表在时间线上执行某个特定功能的工具，如图 2-8 所示。

一旦选中某个工具，鼠标指针放置到时间线窗口中时，会显示此工具的图标外形，并可使用相应的编辑功能。

选择工具：使用选择工具，当在时间线窗口中的某个素材片段上单击时，可以选中该片段；也可以按住鼠标左键，拖曳鼠标选择多个素材片段。选择素材片段后，使用选择工具拖曳素材片段，可以改变素材在时间线上的位置。

向前/向后轨道选择工具：选择向前轨道选择工具，可以选择序列中位于光标右侧的所有剪辑；选择向后轨道选择工具，可以选择序列中位于光标左侧的所有剪辑。如果按住 Shift 键，可以变为多轨道选择工具，这时可以对多轨道同时进行操作。

波纹编辑工具：选择该工具，在时间线窗口中左、右拖曳两个素材片段的边缘，可以修剪掉不需要的部分。通过节目监视器窗口可以直接观看修剪后的效果。其中，左侧图表示交界处前面素材的出点帧，右侧图表示交界处后面素材的入点帧。

图 2-8

滚动编辑工具：选择该工具，在时间线窗口中左、右拖动两个素材片段的边缘，可以修剪掉不需要的部分，通过节目监视器窗口可以直接观看修剪后的效果。但与波纹编辑工具不同的是，修剪后的素材片段的长度会发生改变，而项目总长度不变。当素材被修剪到原始素材的开始或结尾时，将不能再进行修剪。

比率拉伸工具：选择该工具，在原始素材的边缘按住鼠标左键，拖曳鼠标，可以改变原始素材的时间长度，从而调整素材片段的播放速率，以满足用户的需求。

剃刀工具：选择该工具，在素材片段上单击，可以将素材片段切割成两部分。

外滑工具：选择该工具，按住鼠标左键，拖曳时间线轨道上的某个片段，可以同时改变该片段的出点和入点，而片段长度不变，前提是出点后和入点前有必要的余量可供调节使用。同时，相邻片段的出入点及影片长度不变。

内滑工具：内滑工具和外滑工具正好相反，选择内滑工具，按住鼠标左键，拖曳时间线轨道上的某个片段，被拖曳的片段的出点、入点和长度不变，而前一相邻片段的出点与后一相邻片段的入点随之发生变化，前提是前一相邻片段的出点后与后一相邻片段的入点前要有必要的余量供调节使用，调节后影片的长度不变。

钢笔工具：该工具可以调节关键帧节点。调节这些关键帧可以满足影片的编辑需求。

手形工具：选择该工具，按住鼠标左键，在时间线窗口中拖曳，可以平移时间线窗口中的内容，方便用户查看时间线上的素材内容。

缩放工具：该工具用于缩小或放大时间线窗口显示的时间单位。

5．控制面板组

控制面板组中包含一些独立的控制面板，每一个面板都有其不同的作用。这些面板可以在工作区中自由组合和排列。选中面板，按住鼠标左键，即可移动面板。

2.1.3 优化设置

Premiere Pro 提供了一系列优化设置，帮助用户充分利用 Premiere Pro 的功能。作为项目开始前的准备工作，用户需要修改以下的两处设置。

1．首选项

用户可以在菜单栏中选择"编辑→首选项"选项，在弹出的"首选项"子菜单中选择某个选项，如图 2-9 所示，将弹出"首选项"对话框。

图 2-9

"首选项"对话框包含一些与项目相关的设置，如图 2-10 所示。修改这些设置，可以使 Premiere Pro 运行得更加流畅，下面将介绍几个必要的设置。

自动保存：这是项目开始前必要的设置之一，勾选"自动保存项目"复选框，可以使软件出现问题崩溃或者断电时，任务得以保存，防止项目丢失，节约时间成本。用户可以自由设定自动保存的时间和项目条数，并且可以选择将项目备份到 Creative Cloud 共享文件夹中，如图 2-11 所示。

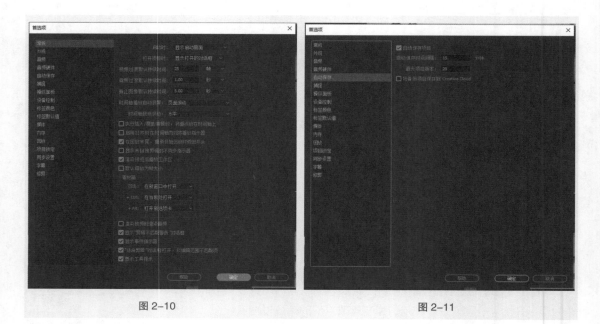

图 2-10   图 2-11

媒体：在"媒体"选项卡中，用户可以设置缓存文件和缓存数据的存储磁盘。在 Premiere Pro CC 运行过程中，项目导入的素材越多，产生的缓存文件就越多。软件默认的缓存文件的存储磁盘是计算机的系统盘，缓存文件过多地占用系统盘的空间，会降低软件运行时的性能。项目开始时，需要把媒体缓存文件的存储位置设置在非系统盘，这样能有效保证软件运行的流畅性。

在"媒体"选项卡中，用户还可以选择是否写入和链接 XMP（可扩展元数据平台）、是否启用代理、是否加速 H.264 解码、是否刷新生成文件。用户通过这些设置，可以更加便捷地使用 Premiere Pro CC 进行音视频项目的编辑工作，如图 2-12 所示。

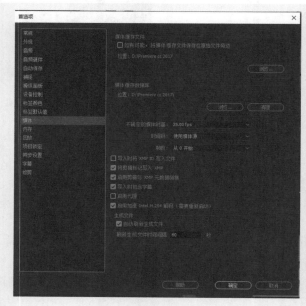

图 2-12

内存：通过"内存"选项卡，用户可以指定保留用于其他应用程序和 Premiere Pro 的内存量。例如，当用户减少保留用于其他应用程序的内存量时，可用于 Premiere Pro 的内存量将增加。

在些序列（如包含高分辨率源视频或静止图像的序列）需要大量内存来同时渲染多个帧。这些资源可能会强制 Premiere Pro 取消渲染并发出"低内存警告"。在这种情况下，用户可以将"优化渲染为"首选项从"性能"更改为"内存"，以最大限度地提高可用内存。当渲染不再需要内存优化时，可以将此首选项改回"性能"，如图 2-13 所示。

通过 Premiere Pro 的"首选项"对话框，用户还可以设置软件的外观、音频、同步、回放等首选项。通过这些首选项的设置，可以提高后期项目编辑的效率。

2．项目设置

用户可以选择菜单栏的"文件→项目设置→常规"选项或"文件→项目设置→暂存盘"，如图 2-14 所示。

图 2-13　　　　　　　　　　　　　　　　　　　图 2-14

在弹出的"项目设置"对话框中，用户可以修改"常规"选项卡中"视频渲染和回放"选项组中的"渲染程序"选项，选择适合自身的渲染方式，如图 2-15 所示。如果计算机的显卡支持 GPU 加速，则推荐选择 GPU 加速，这样会让编辑工作更加流畅。如果显卡不支持，则选择软件渲染。

同时，在"项目设置"对话框中，用户还可以在"暂存盘"选项卡中修改相关媒体的暂存位置，可以与项目的存储位置相同，也可以自定义存储路径。其目的也是减少计算机系统盘的压力，从而获得更加流畅的软件运行效果，如图 2-16 所示。

除了以上两处修改外，在剪辑过程中，如遇到预览卡顿的情况，用户还可以在素材源和节目监视器窗口中，通过降低预览分辨率的方法，使预览更加流畅，如图 2-17 所示。

图 2-15

图 2-16

图 2-17

2.2 Premiere 工作流程

作为一款非线性编辑软件，Premiere Pro 有其完整的工作流程。本节将为大家介绍从新建项目、导入媒体到编辑素材和渲染输出的完整流程。通过本节的学习，大家将了解一个简单视频编辑的流程。

2.2.1 新建项目

首次启动 Premiere Pro 时，会进入"开始"界面。如果之前曾经打开过 Premiere Pro 项目，则将会在"开始"界面的中间显示一个列表，显示之前打开过的项目文件，如图 2-18 所示。

图 2-18

界面左侧的选项可以用来查看存储在本地的最近项目，或者查看文件夹中云同步之后的项目。如果在多台计算机上工作，则同步用户项目。可以创建一个新项目，也可以通过浏览存储驱动器中的项目文件，或者在最近的项目列表中单击项目名称，打开一个已有的项目。

1. 新建项目

用户可以单击"新建项目"按钮，弹出"新建项目"对话框，如图 2-19 所示。在此对话框中用户可以设置项目名称、项目存储位置、常规选项、暂存盘选项、收录设置（与"项目设置" 对话框相同）。

设置完成后，单击"确定"按钮，项目创建完成，进入工作区。进入工作区后，可以先按照上节的知识进行项目优化设置。

用户也可以在工作区内选择菜单栏中的"文件→新建→项目"选项，新建项目。

2. 新建序列

优化设置完成后，选择菜单栏中的"文件→新建→序列"选项，如图 2-20 所示，弹出"新建序列"对话框。

图 2-19

图 2-20

除了上述操作外，用户也可以通过在项目窗口单击鼠标右键，在弹出的快捷菜单中选择"新建→序列"选项的方式新建一个序列；或者通过单击项目窗口右下方的"新建项"按钮，在弹出的菜单中选择"序列"选项的方式新建一个序列，如图 2-21 所示。

图 2-21

在"新建序列"对话框中有 3 个选项卡："序列预设""设置"和"轨道"，如图 2-22 所示。"序列预设"选项卡中的选项让设置新序列变得更简单。Premiere Pro 为用户提供了大量的预设配置选项，这些设置是根据摄像机格式来组织的（具体设置位于一个文件夹中，而该文件夹以录制格式命名）。在右侧的"预设描述"文本框中，可以查看预设信息，用户可以根据需要选择合适的预设。

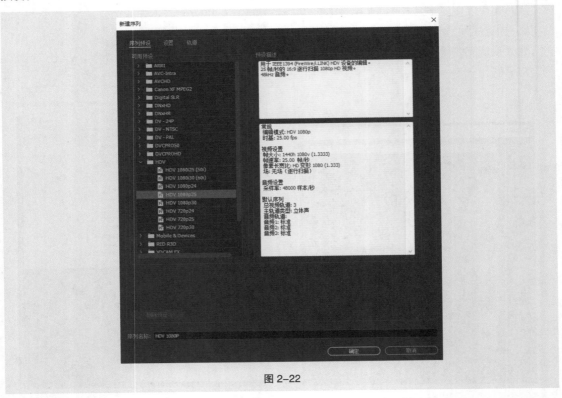

图 2-22

选择了预设后，可以在 "设置"选项卡中调整预设设置，如图 2-23 所示。在这里，用户可以修改序列的编辑模式、帧速率、帧大小（图像中的像素数量）以及音频格式等信息。用户可以根据需要自定义这些内容，并将其保存为新的预设。

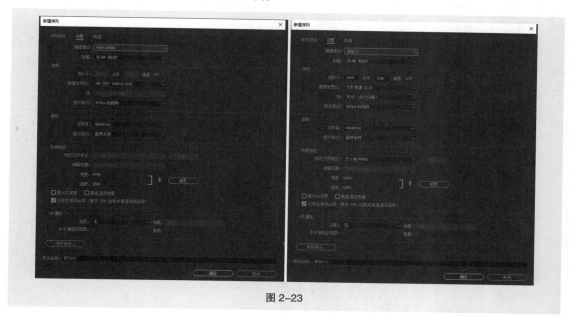

图 2-23

"新建序列"对话框中的"轨道"选项卡允许用户为新序列预先设置轨道类型。所有音频轨道会同时播放，用来创建一个完整的音频混合。要创建一个音频混合，只需将音频剪辑放在不同的轨道上，按照时间进行排列。可以将叙述、言论摘要、声音效果和音乐放在不同轨道上进行组织；也可以重命名轨道，从而帮助用户更容易地在更加复杂的序列中进行精确查找。Premiere Pro 可以在创建序列时指定要包含的视频和音频轨道的数量，如图 2-24 所示。

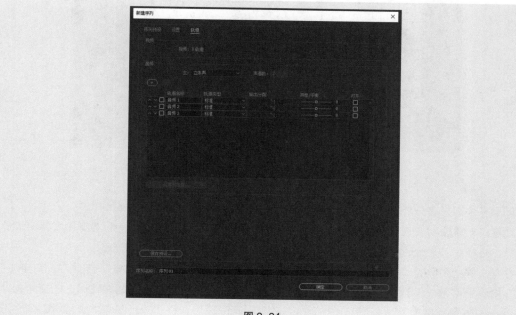

图 2-24

2.2.2 导入媒体

序列设置完成后，即可导入素材。一般需要在项目开始之前，根据项目需要，将用到的素材收集到一处，建立清晰的文件夹体系，方便剪辑时调用。

一般素材类型有以下几种：视频素材、音频素材、图片素材、图像序列文件、Premiere Pro 自带素材（彩条、黑场、颜色遮罩、调整图层、通用倒计时片头、透明视频等）。导入素材的方法大致相同，主要有以下几种。

1. 导入常规素材

音频、视频以及图片素材属于常规素材，一般有 4 种方法可以导入素材，如下所示。

（1）选择菜单栏中的"文件→导入"选项。

（2）在项目窗口空白处双击；或在项目窗口空白处单击鼠标右键，在弹出的快捷菜单中选择"导入"选项。

（3）使用"Ctrl+I"组合键。

以上三种方法都可唤出"导入"对话框。接下来在"导入"对话框中导入素材。

（4）在"媒体浏览器"面板中，通过文件路径，找到所需的素材。

通过"导入"对话框或者"媒体浏览器"面板在计算机硬盘中找到编辑影片所需要的素材文件，选中后单击"打开"按钮（或者直接双击该素材文件），该素材会被自动导入项目窗口中（也可以选中素材文件后直接将其拖曳到项目窗口中），如图 2-25 所示。

图 2-25

如果多个素材在一个文件夹中，可以选中这个文件夹，将其直接导入项目窗口中。

注意：如果素材类型比较多，还可以先在项目窗口中根据将要导入的素材类型建立不同名称的素材箱，这样导入素材的时候就可以分类导入对应的文件夹中，如图 2-26 所示。

在导入静止图像时，可以通过选择菜单栏中的选择"编辑→首选项→常规"选项，在弹出的"首选项"对话框"常规"选项卡中设置导入的静止图像（图片或字幕）在时间线轨道上的持续时间。Premiere Pro 静止图像默认长度是 125 帧（5 秒），可以通过调整"静止图像默认持续时间"选项的数值来修改静止图像在时间线轨道上的默认长度，如图 2-27 所示。

图 2-26

图 2-27

2. 导入图像序列素材

图像序列又称序列帧，是一种特殊的素材文件，是由若干相同格式的单帧图像文件组成，有着统一编号或者文件名顺序的动画文件（如包装、三维软件输出的带有 Alpha 通道的序列动画文件）。导入这类素材的方法与导入单张图片的方法类似，都需要在"导入"对话框中进行，选中第一个图片文件，勾选对话框下方的"图像序列"复选框，单击"打开"按钮，如图 2-28 所示。

图像序列文件被导入项目窗口中，自动合成一个可供编辑的视频动画文件，如图 2-29 所示。

图 2-28

图 2-29

3. 导入 Premiere Pro 自带素材

在 Premiere Pro 中导入彩条、黑场、颜色遮罩、通用倒计时片头等自带素材的方法，跟新建序列的方法大致相同。例如，新建"通用倒计时片头"可以通过选择菜单栏中的"文件→新建→通用倒计时片头"选项；或者通过在项目窗口中单击鼠标右键，在弹出的快捷菜单中选择"新建项目→通用倒计时片头"选项；或者单击项目窗口右下方的"新建项"按钮，在弹出的菜单中选择"通用倒计时片头"选项来完成，如图 2-30 所示。

图 2-30

Premiere Pro 还可以通过采集的方式获取拍摄的素材，采集的具体方式与技巧在此不再详述。素材被导入项目窗口中后，在编辑前可以预览。预览可以在项目窗口的预览区进行，也可以在素材监视器窗口中进行。

2.2.3　编辑素材

编辑素材即是按照影片播放的内容，将项目窗口中的素材一个个组接起来。

1．预览素材

双击项目窗口下面的某个素材图标，该素材第一帧图像即出现在监视器窗口左侧的素材源监视器窗口中，并标明该素材的长度（时∶分∶秒∶帧），也可以直接将素材拖曳到源监视器窗口中进行预览。

2．拖放素材

将项目窗口中的素材按照一定的顺序拖放到时间线的轨道上，利用工具面板中的"选择工具"，在时间线的轨道上拖曳要拖曳的素材，使排在最开始位置的素材的左边与时间线窗口左边对齐，接着在时间线窗口中拖曳其他素材并排列好，如图 2-31 所示。在这个过程中，需要通过时间线窗口底部的缩放滚动条来更改时间线标尺的比例，也可以通过按键盘上的"＋""－"键放大、缩小时间线标尺的比例。

图 2-31

3．调整素材比例

在快速预览素材组接效果的时候，会发现有些素材在节目监视器窗口中的显示不匹配，即没有达到正常显示比例显示，这时候需要先在时间线上选中素材，再在"效果控件"面板中调整"缩放"选项的参数，边调整参数边在节目监视器窗口预览效果，直到满意为止，其他需要调整比例大小的素材以此类推。

4．剪裁素材

如果需要对时间线上的某段素材的入点进行剪辑，可以选择工具面板的"波纹剪辑工具"，移动鼠标指针到这段素材的左边缘，鼠标指针变成"波纹编辑工具"形状。按下鼠标左键并拖曳，改变素材的长度，移动的同时，可以在节目监视器窗口中同步观察。节目监视器窗口中还会显示移动位置的时间码，如图 2-32 所示。如果要剪辑素材出点，方法与此类似。

如果某一素材片段有多余的部分需要剪辑掉，则可以使用"剃刀工具"。选择"剃刀工具"后，在素材片段上单击可以将素材片段切割成两部分；选择"选择工具"，选中多余的部分，按"Delete"键将其删除，如图 2-33 所示。

所有素材的编辑工作完成后，可以通过在节目监视窗口中单击"播放／停止"按钮，对编辑完成的影片进行预览。如果对编辑的效果不满意，则可以在时间线窗口中对其进行修改和调整，最后选择"文件→保存"选项（组合键为"Ctrl+S"），对编辑好的项目文件进行保存。

图 2-32

图 2-33

2.2.4 渲染输出

渲染指的是在编辑期间将效果与素材合并。在时间线上制作完成影片后，还需要将其整体合成输出，以视频文件的格式保存在计算机硬盘里。影片的输出方式包括输出为常见的视频格式文件及"输出到磁带""输出到 EDL"和"输出到 OMF"等。

（1）在时间线上确定需要渲染与输出的时间范围，可以通过节目监视窗口上的"标记入点"与"标记出点"按钮（快捷键为"I"和"O"）来设置时间线上所编辑节目的开始点和结束点，以确定渲染、输出的时间范围，如图 2-34 所示。如果不设置输出范围，则默认输出的时间范围是整个工作区范围。

（2）选择菜单栏中的"文件→导出→媒体"选项（组合键为"Ctrl+M"），弹出"导出设置"对话框，根据需求进行导出设置。设置完成后，单击"导出"按钮即可完成输出。

图 2-34

（3）输出时要注意输出视频的格式，上传到视频网站的视频一般选择 FLV 格式，AVI 格式相对较清晰，但非常占用空间。可以选择格式为"H.264"，导出的是高清的 MPEG-4 格式视频，文件比 AVI 格式视频小很多，如图 2-35 所示。

图 2-35

（4）Premiere Pro 可以导出 Final Cut Pro 项目的 XML 文件，用来与 Final Cut Pro 以及其他支持 XML 的软件进行交换。选择菜单栏的"文件→导出→Final Cut Pro XML"选项，在弹出的"将转换的项目另存为"对话框中，找到 XML 文件的位置并输入文件名，单击"保存"按钮。Premiere Pro 会将序列保存到指定位置的 XML 文件中。此外，Premiere Pro 将包含所有转换问题的日志保存在与此相同位置的一个文本文件中。用户可以查看这个文件以获取转换信息。

Premiere Pro 导出 Final Cut Pro XML 文件时，会将序列转化为 Final Cut Pro 中的时间线，

这样用户就可以使用 Final Cut Pro 或其他软件继续编辑任务。

2.3　课堂案例——制作一个简单的视频剪辑

在 Premiere 中，新建一个分辨率为 1920 像素 ×1080 像素，25 帧 / 秒的项目，使用文件夹"Ch02"所给的素材片段进行简单剪辑，输出时长为 30s 的视频片段。

扫码观看
案例操作

扫码观看
案例成片

2.4　课后习题——剪辑一段小视频

【习题知识要点】通过对本章内容的学习，自由拍摄一段视频文件，反复进行剪辑练习，并输出成片。

要求：输出分辨率为 1920 像素 ×1080 像素、25 帧 / 秒、时长为 1 分钟、编码为 H.264 的视频文件。

03

第 3 章
编辑技术

▶ ## 本章导读

　　本章对 Premiere 中剪辑影片的基本技术和操作方法进行了介绍，包括加载剪辑和时间线面板，修剪和替换素材以及嵌套序列的创建和使用等。通过本章的学习，学习者可以深入了解和熟悉素材编辑窗口和时间线面板的操作，在掌握使用 Premiere 进行基本剪辑的基础上，了解使用 Premiere Pro 进行高级修剪的方法，理解并熟练使用嵌套序列。

知识目标

● 熟练掌握使用监视器窗口剪辑素材的方法。
● 掌握在"时间线"面板中定位轨道和添加标记的方法。
● 掌握 Premiere 中编辑和替换素材的方法。
● 掌握 Premiere 中高级修剪和使用快捷键修剪的方法。
● 掌握 Premiere 中创建和编辑嵌套序列的方法。

技能目标

● 掌握"恩爱老人"视频的基本剪辑方法。
● 掌握"甜蜜情侣"与"恩爱老人"视频的合并剪辑方法。

慕课视频

编辑技术

3.1 素材编辑窗口

源监视器是将素材导入时间线之前检查素材的主要位置。

在源监视器中查看视频素材，是以原始格式进行查看的。素材将以录制时相同的帧速率、帧大小、场顺序、音频采样率和音频位深度进行播放，除非修改了剪辑的解释方式，如图 3-1 所示。

图 3-1

注意：在 Premiere Pro 面板中选中剪辑并单击鼠标右键，在弹出的快捷菜单中选择"修改→解释素材"选项，可以修改剪辑的解释。

当将素材添加到序列中时，Premiere Pro 会让素材与序列的设置相符合。例如，如果剪辑和序列的帧速率和音频采样率不匹配，则会调整剪辑，以便序列中的所有剪辑都具有相同的播放格式。

除了作为多种文件类型的查看器，源监视器还提供了重要的附加功能。可以使用两种特殊的标记，即入点和出点（快捷键为"I"和"O"），如图 3-2 所示，来选择仅包含在序列中的部分剪辑；还可以采用标记的形式来添加注释，以便稍后作为参考或者提醒自己有关剪辑的重要信息。例如，可以对没有权限使用的部分视频添加注释。

出点（I） 出点（O）

图 3-2

3.1.1 加载剪辑

如果需要加载剪辑，可以执行以下操作。

（1）在项目窗口中，浏览素材箱。使用默认首选项，按住 Ctrl（Windows）或 Command（mac OS）键的同时双击项目窗口中的素材箱，如图 3-3 所示，在项目窗口中打开素材箱。

图 3-3

要想返回项目窗口原目录，可单击"向上导航"按钮，如图 3-4 所示。

（2）双击一个视频，或者将它拖曳到源监视器中，如图 3-5 所示。

图 3-4   图 3-5

注意： 在选择视频时，要确保单击的是图标或缩略图，而不是文件名，以免执行的是重命名操作。

无论采用哪种方式，结果都是相同的：Premiere Pro 将在源监视器窗口中显示视频，供用户查看并添加标记。

（3）将鼠标指针移动到源监视器上，并按"～"键（重音符号，在键盘的左上方）。该监视器将会填满 Premiere Pro 应用程序的窗口，以方便剪辑视频。再次按"～"键，该监视器就会恢复为原来的样子，如图 3-6 所示。

图 3-6

注意：活动窗口具有一个蓝色的轮廓。了解哪个窗口是活动的很重要，因为有时菜单和键盘快捷键会根据用户当前的选择给出不同的结果。例如，如果按"Shift+～"组合键，无论鼠标指针停在哪，当前所选的窗口都将切换为全屏。

如果有第二台显示器接到计算机，Premiere Pro 可以使用它显示全屏视频。选择"编辑→首选项→回放"选项，弹出"首选项"对话框，要确保勾选了"启用 Mercury Transmit"复选框，并勾选想要用于全屏播放的显示器复选框，如图 3-7 所示。

图 3-7

3.1.2 加载多个剪辑

接下来，选择在源监视器中使用的视频素材。

（1）打开源监视器面板菜单，选择"全部关闭"选项，这将清空监视器以及菜单中显示的最近的项目列表，如图3-8所示。

图 3-8

（2）单击素材箱中的"列表视图"按钮，并单击"名称"标题，以确保素材按字母顺序显示，如图3-9所示。

（3）选择一个剪辑素材，按住"Shift"键的同时单击素材，选中素材箱中的多个视频素材，如图3-10所示。

图 3-9

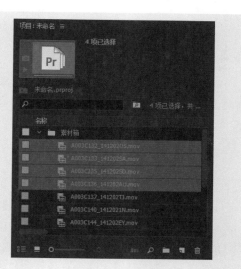

图 3-10

（4）将视频从素材箱中拖曳到源监视器中。

此时，只有被选中的视频素材会显示在源监视器面板菜单中，可以使用此菜单选择要查看的视频。

3.1.3　工具按钮

除了播放按钮外，源监视器中还有其他重要按钮，如图 3-11 所示。

图 3-11

添加标记：将标记添加到剪辑中播放头所在位置。

标记入点：设置打算在序列中使用的剪辑的开始位置。每个剪辑中只可以有一个入点，设置新的入点会自动把原来的入点替代。

标记出点：设置打算在序列中使用的剪辑的结束位置。每个剪辑中只可以有一个出点，设置新的出点会自动把原来的出点替代。

转到入点：将播放头移动到剪辑的入点。

转到出点：将播放头移动到剪辑的出点。

插入：使用插入编辑模式将剪辑添加到时间线窗口当前显示的序列中。

覆盖：使用覆盖编辑模式将剪辑添加到时间线窗口当前显示的序列中。

导出帧：允许从监视器显示的任何内容中创建一个静态图像也就是静帧。

注意： 在大家导出视频文件的时候必须设置导入点和导出点，否则会将整个序列空白内容一起渲染出来。

3.1.4　入点和出点

有时需要在序列中包含一个剪辑的特定部分。用户编辑视频的大多数时间花费在了查看视频剪辑及选择剪辑（或哪个剪辑的哪一部分内容）上，添加入点和出点可以很容易地帮助用户做出选择。

（1）使用源监视器面板菜单选择剪辑。这里需要制作一个多人对话场景的视频。

（2）播放视频，了解其内容。

（3）将播放指针放在大约 00:00:07:20 的位置，作为本段素材的入点镜头，如图 3-12 所示。

（4）单击"入点"按钮，也可以按快捷键"I"，添加一个入点。

（5）将播放指针放在大约 00:00:43:20 的位置，作为本素材的出点镜头。

（6）按快捷键"O"添加一个出点，如图 3-13 所示。

注意： 添加到视频中的入点和出点标记是持久的，也就是说，如果关闭并重新打开视频继续剪辑，则它们还是存在的。

图 3-12

图 3-13

监视器中的入点和出点标记定义了想要添加到序列中的剪辑部分。

在时间线上使用入点和出点标记有以下两个主要目的。

（1）告诉 Premiere Pro 将剪辑添加到序列的什么位置。

（2）选择想要删除的序列部分。在使用入点和出点标记时，使它们与轨道标题控件一起使用，可以选择是要从指定的轨道上移除整个剪辑，还是移除部分剪辑，如图 3-14 所示。

1. 设置入点和出点标记

在时间线上添加入点和出点标记与在源监视器中添加的方式一样。主要差别在于，与源监视器中的控件不同，节目监视器中的控件也适用于时间线。

当在播放头的当前位置向时间线添加入点时，需要确保时间线窗口或节目监视器是活动的，按快捷键"I"即可。在需要设置出点的地方按快捷键"O"即可添加出点。

图 3-14

2. 清除入点和出点标记

如果打开了剪辑，而且该剪辑带有想要删除的入点和出点标记，用户可以轻松删除它们。

（1）选择菜单栏中的"标记→清除入点"或"清除出点"选项即可完成清除，如图 3-15 所示。

图 3-15

（2）也可以直接按"Ctrl+Shift+I"组合键和"Ctrl+Shift+O"组合键完成清除。

3.2 | 时间线

在 Premiere 中，"时间线"面板是最常接触的面板，"时间线"面板能够将视频、音频以及其他素材以时间线的方式呈现给用户，方便用户进行剪辑和后期处理；在剪辑项目中，大部分操作都是依托这个面板进行的。

3.2.1 序列

序列是一系列依次播放的剪辑，有时还具有多个混合图层，并且通常具有特效、字幕和音频，这些构成了一个完整的影片。

在项目中，可以有任意多个序列。序列存储在 Premiere Pro 项目窗口中，而且与剪辑一样，它们也有自己的图标。

下面就来创建一个新的序列。

（1）在素材箱中，将视频素材拖曳到项目窗口下方的"新建项"按钮上。

这是一种制作与媒体完美匹配的序列的快捷操作，Premiere Pro 会自动创建一个新序列，其名称与所选的素材名称相同。

（2）序列会在素材箱中突出显示，此时最好立刻对它进行重命名。在素材箱中选中该序列并单击鼠标右键，在弹出的快捷菜单中选择"文件名"选项，为序列重命名，如图 3-16 所示。

图 3-16

序列将自动打开，该序列包含了用于创建它的剪辑，如果使用了一个随机剪辑来执行此快捷操作，用户可以在序列中选择并删除它（按"Delete"键或退格键）。

单击时间线窗口上方的"关闭"按钮关闭序列。

（3）在时间线窗口中打开序列。

在时间线窗口中打开序列，有以下几种方法。

① 在素材箱中双击序列。

② 在素材箱中选中序列并单击鼠标右键，在弹出的快捷菜单中选择"在时间轴内打开"选项，如图 3-17 所示。

注意：与剪辑一样，也可以将序列拖曳到源监视器中查看和使用。特别要注意的是，不要将序列拖曳到时间线窗口中，因为这会将其添加到当前序列中。

图 3-17

3.2.2　理解轨道

在时间线上，序列由视频和音频轨道来限制添加剪辑的位置。最简单的序列形式是仅有一个视频轨道和一个音频轨道。依次在轨道上从左往右添加剪辑时，它们的播放顺序与排列的顺序是一致的。

序列也可以有更多的视频和音频轨道。它们将成为视频和其他音频通道的图层。由于上层视频轨道出现在下层视频轨道前面，因此可以合并不同轨道上的剪辑，制作分层合成。

例如，使用一个顶部的视频标题来为序列添加字幕，或者使用特效混合多个视频图层，如图 3-18 所示。

可以使用多个音频轨道来为序列创建一个完整的音频合成，具有原始的源对话、音乐和现场音频效果，如枪声、烟花声、大气音波和画外音，如图 3-19 所示。

图 3-18　　　　　　　　　　　　　　　　图 3-19

Premiere Pro 具有多个滚动选项，可以根据鼠标指针的位置提供不同的滚动操作。

（1）如果将鼠标指针停在源监视器或节目监视器上，可以使用鼠标滚轮进行前后导航；使用触控板手势也一样有效。

（2）如果在 Premiere Pro 首选项中启用了"时间轴播放自动滚屏"和"时间轴鼠标滚动"功能，如图 3-20 所示，可以在时间线窗口中对序列进行导航。

图 3-20

（3）如果按住"Alt"键的同时滚动鼠标滚轮，时间线视图会放大或缩小，如图 3-21 所示。

图 3-21

（4）如果将鼠标指针停在轨道标题上并滚动鼠标滚轮，可以增加或减小轨道的高度，如图 3-22 和图 3-23 所示。

图 3-22

图 3-23

如果将鼠标指针停在视频或音频轨道标题上，并在按住"Shift"键的同时滚动鼠标滚轮，则可以增加或减小所有此类轨道的高度，如图 3-24 和图 3-25 所示。

图 3-24

图 3-25

注意：在以鼠标滚动方式调整轨道高度时，如果同时按住"Ctrl"（Windows）或"Command"（mac OS）键，可以进行更精准的控制。

3.2.3 定位轨道

轨道标题并不仅仅是一个铭牌。当删除部分序列或渲染特效时，它们还可以作为轨道的启用 / 禁用按钮。

在轨道标题左侧，可以看到一组按钮，用来表示源监视器中当前显示的剪辑的可用轨道，或 Premiere Pro 窗口中所选剪辑的可用轨道，这些按钮是源轨道指示器，而且与时间线轨道一样有编号。在执行更复杂的编辑时，这有利于使事务清晰明了，如图 3-26 所示。

如图 3-27 所示，源轨道指示器的位置意味着，在单击按钮或使用快捷键将剪辑添加到当前序列时，会将带有一个视频轨道和一个音频轨道的剪辑添加到时间线上的 V1 和 A1 轨道上。

在图 3-28 所示，相较于时间线轨道指示器，源轨道指示器已经通过拖曳的方式被移动到了一个新的位置。在这个例子中，当单击按钮或使用快捷键将剪辑添加到当前序列中时，剪辑将被添加到时间线的 V2 和 A2 轨道上，如图 3-28 所示。

源轨道

时间线轨道

图 3-26

图 3-27   图 3-28

3.2.4 标记

有时候用户可能很难记住有用镜头的位置或者是打算如何处理它。这时对感兴趣的剪辑部分添加注释和标记，就会很有用。

标记允许用户识别剪辑和序列中的具体时间并为它们添加注释。这些临时标记是帮助用户保持一切并然有序，与合编者进行沟通的绝佳方式。

在为剪辑添加标记时，标记包含在原始媒体文件的元数据中。这意味着可以在另一个 Premiere Pro 项目中打开此剪辑并查看相同的标记。

通过选择菜单栏中的"文件→导出→标记"选项，可以导出想要的标记，如图 3-29 所示。

图 3-29

1. 标记类型

（1）注释标记：这是一个通用标记，可以指定名称、持续时间和注释。

（2）章节标记：在制作 DVD 或蓝光光盘的时候，Adobe Encore 可以将这种标记转换为普通的章节标记。

（3）分段标记：这种标记使得某些视频服务器可以将内容拆分为若干部分。

（4）Web 链接：某些视频格式可以在播放视频时，使用这种标记自动打开一个 Web 页面。当导出序列创建支持的格式时，会将 Web 链接标记包含在文件中，如图 3-30 所示。

2．添加标记

（1）打开一组视频素材，将其拖曳到时间线上并进行简单拼接。

（2）将播放头停到两段视频的拼接处，不要选中视频素材，可以在空白处单击。

（3）单击时间线上方的"添加标记"按钮 或按快捷键"M"，即可完成添加操作，如图 3-31 所示。

图 3-30　　　　　　　　　　　　　　图 3-31

注意：可以在时间线、源监视器和节目监视器的时间标尺上添加标记。

3．编辑标记

添加标记是为了得到更鲜明的视觉效果，标记默认都为绿色，箭头向上，用户也可以将其更改为自己喜欢的或者更具有代表性颜色的标记。

（1）将鼠标指针移动到标记上，单击鼠标右键，弹出图 3-32 所示的快捷菜单，选择"编辑标记"，弹出图 3-30 所示的对话框，在"标记颜色"下更改自己喜欢的颜色标记。或者直接双击标记，弹出快捷菜单。

（2）直接双击标记，一样可以弹出图 3-30 所示的对话框，然后修改喜欢的颜色。

（3）命名新建的标记，如"惊恐部分"，如图 3-33 所示。

（4）现在标记在时间线上有了持续时间，放大后，可以看到添加的注释，该注释也可以显示在标记上，如图 3-34 所示。

图 3-32

图 3-33   图 3-34

4．剪辑标记

将标记添加到剪辑中。

（1）在源监视器中打开一段剪辑。

（2）播放此段视频，并在播放的时候按几次快捷键"M"，以添加标记，如图 3-35 所示。

图 3-35

注意：可以单击按钮或使用快捷键添加标记。如果使用快捷键"M"，可以轻松添加匹配音乐节拍的标记，因为可以在播放时添加标记。

（3）查看标记，如果源监视器是活动的，则会列出添加的所有标记。为序列添加带有标记的剪辑时，会保留剪辑的标记。

（4）单击源监视器，确保它是活动的。双击标记，在弹出的菜单中选择"清除所有标记"选项，如图 3-36 所示。所有标记都会从剪辑中删除。

图 3-36

3.3 使用基本的编辑命令

无论是使用鼠标将剪辑拖曳到序列中，还是单击源监视器上的按钮，或是使用快捷键，都是在应用覆盖编辑和插入编辑两种编辑类型中的一种。本节将介绍几种常用的编辑逻辑和方法。

3.3.1 覆盖编辑

当在素材箱中选择一段剪辑时除了将其拖曳到时间线上，还可以通过"覆盖"命令快速地导入到时间线上。

利用入点、出点选中想要的一段剪辑后，单击窗口中的"覆盖"按钮，选中的素材会将时间线上的素材给替换掉，如图 3-37 和图 3-38 所示。

图 3-37

图 3-38

注意：执行覆盖编辑的时候，序列不会变长。

默认情况下，当使用鼠标将剪辑拖曳到序列中时，是在执行覆盖编辑。按住"Ctrl"（Windows）键或"Command"（mac OS）键后再进行拖放，执行的则是插入编辑。

3.3.2 插入编辑

在 Premiere Pro 时间线上应用插入编辑，需要的具体操作步骤如下所示。

在源监视器中浏览剪辑，在需要插入的开始位置标记一个入点，在结尾的地方标记一个出点，单击下方的"插入"按钮 进行插入，如图 3-39 和图 3-40 所示。

注意：应用插入编辑，会让序列变长，已经在选定轨道上的剪辑序列会向后移动，以便为新剪辑留出位置。

图 3-39

图 3-40

3.3.3　三点编辑

三点编辑是视频编辑的一种比较实用的方式，因为一段自制的视频中片段比较多，通常涉及多个视频素材，依次处理既浪费时间又无法协调过渡，所以这种剪辑方式就变得比较常用。

三点编辑需要在素材源监视器窗口和节目监视器窗口中共同指定 3 个点，用以确定素材的长度和插入的位置。这 3 个点可以是素材的入点、出点和时间线的入点、出点这 4 个点中的任意 3 个。通常在素材源监视器窗口中，根据编辑需要对素材设置入点和出点，在节目监视器窗口中设置素材的入点，单击素材源监视器窗口下方的"插入"按钮或"覆盖"按钮，将素材添加到时间线窗口选定的视频轨道上。

在 Premiere Pro 中，导入 4 段视频素材到项目窗口中，将其中的 3 段添加到时间线上。如果用户想在剪辑片段"03"中间加入剪辑片段"01"中的镜头，可以先在时间线上，将"时间指针"移动到想要插入的位置，单击节目监视器窗口下方的"添加入点"按钮，添加入点，如图 3-41所示。

图 3-41

在项目窗口中，双击剪辑片段 "01"，打开源监视器窗口，预览素材，在想要插入的部分的开头和结尾处分别通过单击源监视器窗口下方的 "添加入点" 按钮和 "添加出点" 按钮，选定要插入的部分，单击源监视器窗口下方的 "插入" 按钮，选定部分即被插入到时间线上的剪辑片段 "03" 所设定的入点位置，如图 3-42 所示。

图 3-42

这里使用的"三点"分别是目标位置的入点、要插入部分的入点和出点。

3.3.4　四点编辑

四点编辑是在确定素材出点、入点的同时，还要确认时间线上目标位置的出点和入点，然后将素材插入到时间线上的编辑方式。

当选定的素材长度与时间线片段剩余的时间长度不一致时，可以分为多种方式插入素材。

（1）当素材的长度大于时间线的长度，在插入素材时会弹出"适配剪辑"对话框，在"选项"选项组中可以选择不同的插入方式，如图3-43所示。

图 3-43

① 更改剪辑速度（适合填充）：选中此单选按钮，素材将改变其本身的速度，以时间线上指定的长度为标准压缩素材，以充分适合时间线长度的方式插入。

② 忽略源入点：选中此单选按钮，素材将以时间线出点为基准，将超出时间线长度的入点部分进行修整。

③ 忽略源出点：选中此单选按钮，素材将以时间线入点为基准，将超出时间线长度的出点部分进行修整。

④ 忽略序列入点：选中此单选按钮，素材将以时间线出点为基准，忽略入点，在出点位置将素材的出点、入点之间的片段全部插入到时间线上。

⑤ 忽略序列出点：选中此单选按钮，素材将以时间线入点为基准，忽略出点，在入点位置将素材的出点、入点之间的片段全部插入到时间线上。

（2）当素材的长度小于时间线的长度，在插入素材时会弹出"适合剪辑"对话框，如图3-44所示，此时不需要修整选定部分，可以直接插入到时间线上选定的位置。

图 3-44

3.4 替换剪辑和素材

　　在剪辑过程中，有时会需要使用选定的源素材片段替换时间线上的片段，这时会使用到替换功能。在 Premiere Pro 中，替换功能不仅可以替换时间线上的剪辑，还能替换项目窗口中的素材。本节将介绍在 Premiere Pro 中替换剪辑和素材的方法。

3.4.1 在替换剪辑中拖放

　　打开序列，在项目窗口双击选定并预览要替换到时间线的素材，选定替换范围，并添加出点和入点；按住鼠标左键，将源监视器窗口中选定的剪辑片段拖曳到时间线要被替换的剪辑上，同时按住键盘上的 Alt 键，软件会自动适应要替换的时长，释放鼠标左键和 Alt 键，即完成替换工作，如图 3-45 所示。

图 3-45

3.4.2 执行替换编辑

除了拖放替换外，还可以通过以下两种方法替换时间线上的剪辑。

（1）可以在时间线上选中要替换的剪辑，并单击鼠标右键，在弹出的快捷菜单中选择"使用剪辑替换"选项，如图 3-46 所示。

图 3-46

该选项包括 3 个子选项：选择"从源监视器"选项，可以直接使用源监视器窗口中的剪辑替换时间线上选定的剪辑；选择"从源监视器，匹配帧"选项，可以使用源监视器窗口中的剪辑上选定的入点和出点之间的范围替换时间线上的剪辑；选择"从素材箱"选项，可以直接使用素材箱中选定的素材替换时间线上选定的剪辑片段。

（2）选择菜单栏中的"剪辑→替换为剪辑"命令，该命令下同样有"从源监视器""从源监视器，匹配帧"以及"从素材箱"子选项，其作用与第一种方法相同，如图 3-47 所示。

图 3-47

3.4.3 使用替换素材功能

在 Premiere Pro 中可以使用外部素材替换项目窗口中已经导入的素材，方法有以下两种。

（1）在项目窗口中选定要替换的素材，并在其上单击鼠标右键，在弹出的快捷菜单中选择"替换素材"选项，在弹出的替换素材对话框中查找素材，选中素材后，勾选下方的"重命名剪辑为文件名"复选框，单击"选择"按钮，即可完成替换，如图 3-48 所示。替换后，素材箱里的素材和时间线上已经使用的素材片段，都会被替换为新选定的素材。

图 3-48

（2）在项目窗口中选中要替换的素材，选择菜单栏中的"剪辑→替换素材"选项，在弹出的替换素材对话框中查找素材，选中素材后，勾选下方的"重命名剪辑为文件名"复选框，单击"选择"按钮，即可完成替换。替换后，素材箱里的素材和时间线上已经使用的素材片段，都会被替换为新选定的素材，如图 3-49 所示。

图 3-49

3.5 | 修剪素材

在 Premiere Pro 中，调整序列中使用的剪辑的长度，称为修剪。本节将介绍修剪素材的常用方法。

3.5.1　常规修剪

常规修剪方式，只能单独调整单条剪辑的长短，常规的修剪方式有以下两种。

1. 在源监视器中修剪

打开序列后，可以通过双击时间线上的剪辑，在源监视器窗口中打开并预览该剪辑，调整该剪辑在源监视器窗口中显示的入点和出点的位置，从而修改剪辑在时间线上的长短。在源监视器中，有两种方法可以更改已有的入点和出点。

（1）标记新的入点和出点。在源监视器窗口中打开和预览素材，单击源监视器窗口下的"标记入点"按钮与"标记出点"按钮（快捷键为"I"和"O"）添加新的入点和出点，即可修改剪辑在时间线上的长短，如图 3-50 所示。

图 3-50

（2）拖曳入点和出点。在源监视器窗口中打开和预览素材，可以通过拖曳的方式更改剪辑的入点和出点。将鼠标指针停放在源监视器窗口时间线上的入点或出点上，此时鼠标指针会变为红黑色图标，表示可以拖曳入点或者出点来进行修剪，如图 3-51 所示。

图 3-51

可以向左或向右拖曳以更改入点或出点。注意，如果在时间线上该剪辑有一个与之相邻的剪辑，剪短该剪辑，修剪后会在两个剪辑中间留下一个间隙。如果想加长剪辑，则需要相邻两剪辑之间有一个可以加长的间隙。

2. 在序列中修剪

这种方法打开序列后，可以在时间线上直接修剪剪辑的长短。这是一种比较简单直观的修剪方式。

若在时间线上修剪剪辑，可以选择工具面板上的选择工具，将鼠标指针停放在剪辑的出点或入点上，此时鼠标指针变为带有双向箭头的红色光标，如图 3-52 所示。

图 3-52

其方向会根据放置的位置不同而不同（出点向左，入点向右）。按住鼠标左键，拖曳鼠标，修剪为合适的长度，释放鼠标左键即可完成修剪。

3.5.2 高级修剪

无论是哪种常规修剪方式，如果有相邻的剪辑，都会因为缩短剪辑而在时间线上留下间隙，或者因为间隙不足影响拉长剪辑。Premiere Pro 为此还提供了以下几种修剪方式，可以帮助用户快速修剪剪辑。

1. 波纹编辑

在工具面板上选择波纹编辑工具，在时间线窗口中，将指针置于要更改剪辑的入点或出点上方，直到出现黄色的"波纹入点"图标或"波纹出点"图标，此时按住鼠标向左或向右拖曳即可修剪剪辑。为了补偿该编辑点，时间线上的后续剪辑将发生位移，向左或向右移动以填充间隙，但其持续时间保持不变。

使用波纹编辑工具时，节目监视器窗口左侧显示第一个剪辑的最后一帧，右侧显示第二个剪辑的第一帧，如图 3-53 所示。

释放鼠标左键，完成编辑。

2. 滚动编辑

选择此工具时，可在时间线上的两个剪辑之间添加滚动编辑点。滚动编辑工具可修剪一个剪辑的入点和另一个剪辑的出点，同时保持两个剪辑组合的持续时间不变。

在工具面板中选择滚动编辑工具，在时间线上，按住鼠标左键，从要修剪的剪辑的边缘向左或向右拖曳，会根据已添加到该剪辑的帧数量修剪相邻剪辑，如图 3-54 所示。按"Alt"键（Windows）或"Option"键（mac OS）的同时拖曳鼠标将只影响链接剪辑的视频或音频部分。

图 3-53

图 3-54

　　使用滚动编辑工具还可以将序列中某剪辑的入点或出点移动到"时间码播放指示器"的位置，且不会在序列中留下间隙。这种编辑有时也被称为扩展编辑点，或使用扩展编辑点命令。

　　用户可以单击轨道头将包含要修剪的剪辑的轨道设为目标轨道，按住鼠标左键，将"时间码播放指示器"拖曳到时间线上要将剪辑入点和出点扩展到的位置；选择滚动编辑工具，选中要扩展的入点或出点，这时选定的出点或入点变成红色；选择菜单栏中的"序列→将所选编辑点扩展到播放指示器"选项（或按快捷键"E"），如图3-55所示。

图 3-55

3．滑移编辑

可以使用内滑工具和外滑工具来进行滑移编辑。滑移编辑采用相同的量在适当的位置滚动可见的内容，从而在同一时刻更改序列剪辑的入点和出点。因为滑移修剪以相同的量修改了开始位置和结束位置，所以它并没有修改序列的持续时间。就这方面来讲，它与滚动修剪一样。

波纹编辑和滚动编辑可以调整两个剪辑之间的剪切点，外滑编辑和内滑编辑非常适用于调整时间线上相邻的3个剪辑所包含的2个剪切点。当用户使用外滑工具或内滑工具时，除了只是编辑音频的情况以外，节目监视器窗口会并排显示编辑中所涉及的4个帧画面。

虽然外滑工具和内滑工具通常用于3个相邻剪辑的中心，但是即使剪辑的一侧与某一剪辑相邻，而另一侧为空白区，这两个工具也能正常工作。

（1）外滑编辑。外滑编辑可通过一次操作将剪辑的入点和出点前移或后移相同的帧数。通过使用外滑工具拖曳剪辑，用户可以更改剪辑的开始帧和结束帧，而不会改变其持续时间或影响相邻剪辑。

选择工具面板中的外滑工具，在时间线上，将鼠标指针停放在要调整的剪辑之上，按住鼠标左键的同时向左拖曳剪辑可将剪辑的入点和出点后移，或者向右拖曳剪辑可以将剪辑的入点和出点前移。

Premiere Pro 会更新该剪辑的源入点和出点，并将结果显示在节目监视器窗口中，同时保持剪辑和序列的持续时间，如图3-56所示。

在外滑编辑中，剪辑被向左拖曳，其源入点和出点的时间也随之向后移动。

（2）内滑编辑。内滑编辑可移动剪辑的时间，同时修剪相邻剪辑以补偿移动点。当用户使用内滑工具向左或向右拖曳某剪辑时，前一个剪辑的出点和后一个剪辑的入点将按照该剪辑移动的帧数进行修剪。剪辑的入点和出点（即持续时间）保持不变。

图 3-56

选择工具面板中的内滑工具，将鼠标指针停放在要调整的剪辑之上，按住鼠标左键的同时向左拖曳剪辑可以将前一个剪辑的出点和后一个剪辑的入点的时间前移，或者向右拖曳剪辑可以将前一个剪辑的出点和后一个剪辑的入点的时间后移，如图 3-57 所示。

图 3-57

释放鼠标左键时，Premiere Pro 即会更新相邻剪辑的入点和出点，同时将结果显示在节目监视器窗口中，并保持剪辑和序列的持续时间。对所移动剪辑做出的唯一更改是其在时间线中的位置。

　　在内滑编辑中，剪辑被向左拖曳，使其在序列中的开始时间前移，从而缩短了前一个剪辑的时间并延长了下一个剪辑的时间。此时，节目监视器窗口显示的 4 个帧画面分别是被移动剪辑的入点帧和出点帧、前一剪辑的出点帧、后一剪辑的入点帧。

3.6　嵌套序列

　　嵌套序列是一个包含其他序列的序列。通过为每一个部分创建单独的序列，用户可以将一个时间周期较长的项目拆分成多个可单独管理的部分。并且可以将每一个序列（包含其所有剪辑、图形、图层、多个音频／视频轨道和效果）拖放到另外一个"主"序列中。嵌套序列的外观和行为与普通的单个音频／视频剪辑很像，不同的显示用户可以单独打开并编辑其所包含的内容，并在主序列中看到更新后的变化。

　　嵌套序列有以下几种用途。

　　（1）通过单独创建复杂的序列来简化编辑工作。这有助于避免冲突，防止因意外移动剪辑而破坏编辑的情况发生。

　　（2）允许在一个单独的步骤中将一种效果应用到一组剪辑中。

　　（3）允许在多个其他序列中将嵌套序列当作原序列使用。可以为由多个部分组成的序列创建一个用于注释的序列，然后将它添加到每一个部分中。如果需要修改这个注释序列，在修改后，用户可以在它嵌套的所有位置看到更新后的结果。

　　（4）允许采用与在项目窗口中创建子文件夹相同的方式来组织作品。

　　（5）允许为一组剪辑应用过渡（这一组剪辑作为单个项目）。

　　在将一个序列剪辑到另外一个序列中时，时间线窗口左上角的按钮可以用来选择是将序列的内容添加进去，还是将它进行嵌套处理，如图 3-58 所示。

图 3-58

3.6.1　添加嵌套序列

　　打开项目和序列后，可以通过以下3种方法添加嵌套序列。

　　（1）在项目窗口，选中已有的序列或素材并单击鼠标右键，在弹出的快捷菜单中选择"从剪辑新建序列"选项，此时，系统会生成一个和之前的序列或素材命名一样的新序列，内容上，新建的序列包含旧的序列（嵌套序列包含旧序列，旧序列中是具体的素材），如图3-59所示。

图 3-59

　　（2）在主序列时间线上，选中剪辑素材并单击鼠标右键，在弹出的快捷菜单中选择"嵌套"选项，此时，系统将弹出一个"嵌套序列名称"对话框，根据实际情况对所做的嵌套序列进行命名，单击"确定"按钮，完成嵌套。还可以选择菜单栏中的"剪辑→嵌套"选项，进行嵌套序列的操作，如图3-60所示。

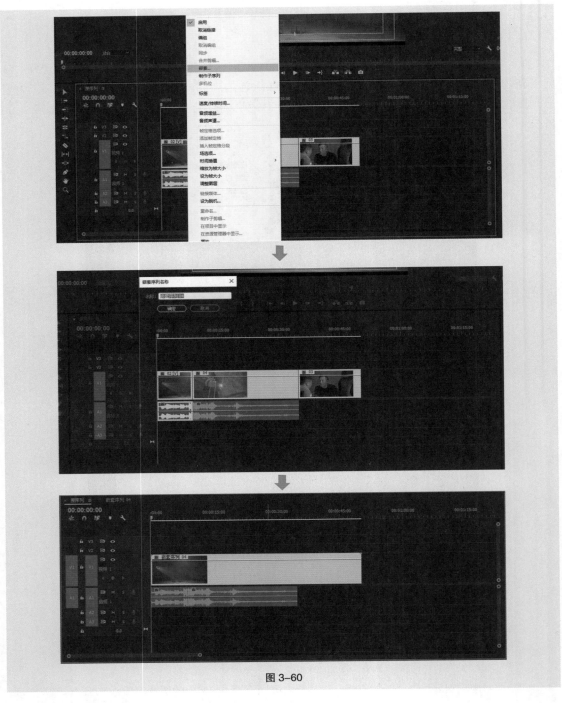

图 3-60

用户可以在时间线上双击，打开嵌套序列，对里面的内容进行编辑。

（3）在时间线上选中所有剪辑并单击鼠标右键，在弹出的快捷菜单中选择"制作子序列"选项，这时，系统将自动生成一个名称为"原序列 _Sub_01"的嵌套序列，并添加到项目窗口中。该嵌套序列与主序列时间线上的素材完全一致，相当于把主序列复制为一个新的子序列。同样，也可以通过选择菜单栏中的"序列→制作子序列"选项来进行创建子序列，如图 3-61 所示。

图 3-61

使用方法（2）制作的嵌套序列会直接显示在时间线上，而使用方法（1）和方法（3）制作的嵌套序列可以直接拖曳到时间线上。

3.6.2 为嵌套序列添加效果

在实际项目中，如果想要为一组剪辑素材添加一个或多个相同的特效，需要逐一添加并调整效果参数，这样无疑会增加时间成本。使用嵌套序列，则可以节约这方面的时间成本。用户可以先将这组剪辑做成嵌套序列，再给这个嵌套序列整体添加效果，这样，嵌套序列中所有的剪辑都会具有该特效的效果。

除了为剪辑同时添加效果外，还有一些效果不能直接添加到剪辑素材中，需要结合嵌套序列使用。例如，剪辑上添加了时间加速或者减速效果，无法为该剪辑添加稳定效果，这时可以将做了时间变化的剪辑片段设置为嵌套序列，在嵌套序列上选择"效果→视频效果→扭曲→变形稳定器"效果，从而为剪辑添加稳定效果。

3.7 课堂案例——制作"恩爱老人"剪辑

打开文件夹"3.7"，使用所给素材，进行"恩爱老人"实例的剪辑。具体操作步骤如下所示。

（1）导入素材。新建一个项目，将其命名为"恩爱老人"。新建一个分辨率为 1920 像素 × 1080 像素，帧速率为 25 帧 / 秒的序列，将素材导入项目窗口中。

扫码观看
案例操作1

扫码观看
案例操作2

扫码观看
案例成片

（2）剪辑。使用三点剪辑或者四点剪辑的方法，在项目窗口中选择合适的素材片段添加到时间线上。

（3）添加音乐。将音乐素材导入项目窗口中，并添加到时间线上，为剪辑片段添加背景音乐。

（4）完成剪辑并预览。完成剪辑后，预览查看效果是否满意，若不满意可进行修改。

3.8 课后习题——制作"甜蜜情侣"与"恩爱老人"的合并剪辑

【习题知识要点】通过对本章内容的学习，制作"甜蜜情侣"与"恩爱老人"的合并剪辑。

要求：打开素材文件夹"3.8"，根据所给素材和音乐进行剪辑，在相应位置处合理添加视频效果。

扫码观看
案例操作

扫码观看
案例成片

第 4 章
运动效果

04

▶ **本章导读**

　　运动效果是视频中常见的表现方式。本章在介绍摄像机运动和运动镜头分类的基础上，主要讲解使用特效控制台的参数调节来控制素材的缩放、旋转、位移、不透明度等状态；通过对关键帧的设置，使影像呈现不同的运动效果。

知识目标

- 了解摄像机的运动方式。
- 掌握视频镜头的分类方法。
- 学会使用"效果控件"面板调整参数。

技能目标

- 掌握设置关键帧的方法。
- 掌握调整运动效果的方法。
- 掌握"滚动画面运动"动画的制作方法。

慕课视频

运动效果

　　摄影机的运动产生运动镜头。与固定镜头相比，运动镜头的特点是拍摄设备的镜头不再是固定不动的，而是借助器械（如三脚架上的活动底座）来使镜头获得更多的表现形式。利用运动镜头，可以使相对于镜头中主体物的距离、位置或图形构成上产生变化，因此运动镜头更多地用来加强画面之间的空间关系。改变观察角度，对观众的心理产生不同形式的冲击，不仅可以打破空间的限制，还可以更好地塑造形象。

4.1.1　摄像机的运动

　　运动镜头包括推、拉、摇、移、跟以及升降这6种基本形式。在这基础上，还发展出一些变化形式和运用辅助机械的形式。

1. 推镜头

　　被摄主体位置不变，通过摄影机的运动或者焦距的变化，由远而近逐渐接近被摄对象的连续画面，如图4-1所示。

图4-1

　　作用：由于机位及焦距的变化，取景范围逐渐缩小，画面里除主体外其他部分逐渐出画，主体的局部细节逐渐放大，多用于突出主体，强迫观众注意力集中，视觉感受得到加强；其可以表现一个从远处向目标不断走近的人的主观幻觉；代表剧中人物的主观视线的集中；把被摄主体从所处环境中突显出来；突出人物身体某一部分的表演；用来表示进入人的内心世界；与拉镜头配合使用可以作为画面的转场，推动情节发展，等等。

2. 拉镜头

　　被摄主体位置不变，通过摄影机的运动或者焦距的变化，由近而远，逐渐远离被摄对象的连续画面，如图4-2所示。

　　作用：与推镜头的运动方向相反，取景范围由小变大，画面的形象由少变多，由主体局部变为整体。拉镜头多用于交代主体所处的环境；结束一个段落进行转场或者收尾；拉的过程出现一些意外的画面或者被摄对象，创造戏剧效果；给观众心理呈现一种远离感，一般在影片结尾，等等。

图 4-2

3．摇镜头

摄影机焦距和位置不变，以三脚架上的活动底座（云台）为轴，原地转动拍摄的画面，如图 4-3 所示。

图 4-3

作用：介绍环境，可以交代事件发生的时间、地点、人物、环境等；建立同一时空中各个形象之间的关系；表现被摄主体的转移；作为主角的主观视角，加强观众的情感代入；表现人物运动（寻找物体），等等。

4．移镜头

拍摄时摄影机位置发生变化，在移动中拍摄的方法称为移镜头。通常是将摄影机安装在轨道上或者为摄影机配上滑轮，由此形成的一种富有流动感的拍摄方式，如图 4-4 所示。

图 4-4

作用：移镜头的语言意义与摇镜头十分相似，但是比摇镜头的视觉效果更有张力；移镜头拍摄的画面中不断变化的背景使镜头表现出一种流动感，一般用来表现场景中人与人、人与物、物与物之间的空间关系；可以创造特定的情感氛围（情感叠加），增强了艺术感染力。

5. 跟镜头

跟镜头同样也是一种移动镜头，需要具有一定的灵活性，最初是手持或者肩扛摄像机拍摄，现下可以借助一些器材帮助完成拍摄，如斯坦尼康或者手持稳定器。跟镜头与移镜头不同之处在于，摄影机的拍摄方向与被摄主体的运动方向一致或完全相反，且与被摄主体保持等距离运动（一般如此）的移动时，才可以称为跟镜头。

作用：跟镜头具有特别强烈的穿越空间感，既能够突出运动中的主体，又能交代物体的运动方向、速度、体态以及环境的关系；跟镜头跟随主体一起移动，形成一种运动的主体不变，静止的背景变化的造型效果。其常被用来展现人物的精神面貌，例如电影《本命年》中的跟镜头，如图 4-5 所示。

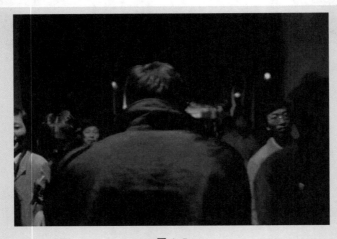

图 4-5

6. 升降镜头

摄影机上下运动拍摄的画面，一般利用升降设备（如升降机、摇臂、航拍器材等）辅助拍摄。

升降镜头是一种从多视点表现场景的方法，能够给画面带来视域的扩展和收缩，形成多角度、全方位的构图，其变化的技巧有垂直方向升降、斜向升降和不规则升降。

作用：不断改变摄影机的高度和角度，有利于表现纵深空间中的点面关系，用以给观众带来丰富的视觉感受，常常用来展示事件的发展规律或处于场景中上下运动的主体的主观情绪；与其他镜头和技巧结合，能够产生变化多端的视觉效果，如电影《阿甘正传》中开始和最后一场中的羽毛，如图 4-6 所示。

图 4-6

4.1.2　视频镜头分类

除了按照运动方式分类外，视频镜头还可以按照以下几种方式进行分类。

1. 按照表现方式可分为主观镜头和客观镜头

主观镜头是从主观层面出发，以摄影机代表被摄主体的视角进行拍摄。主观镜头表达角色观点，直接摄取其目击或感受的画面，带有明显的主观色彩，可以使观众产生身临其境、感同身受的效果。例如，电影《拯救大兵瑞恩》抢滩登陆中，通过主人公的视角描写战争的惨烈，属于主观镜头，如图 4-7 所示。

图 4-7

客观镜头，又称中立镜头，也是一种常见的拍摄手法。它不以影片中的角色眼光来表现景物，而是直接模拟摄影师或观众的眼睛，以旁观者的角度纯粹客观地描述人物活动和情节发展的镜头。例如，电影《这个杀手不太冷》中，男女主角两个人走在大街上，就是使用了一组客观镜头来交代的，如图 4-8 所示。

图 4-8

2. 按照拍摄角度可分为仰拍、俯拍、平拍

仰拍是指摄像机拍摄角度低于被摄主体水平线，从下往上拍摄。仰拍有助于表现景物的垂线构图，突出、夸张被摄物体的高度，有助于表达高大雄伟的气势，使主体突出、富有表现力。在拍摄建筑时经常使用仰拍镜头来突出建筑物的气势，如图 4-9 所示。

图 4-9

俯拍是指摄像机角度高于被摄物体水平线，从上往下拍摄。俯拍镜头可以以"上帝视角"交代人物或者被摄物体所处的具体环境，增加画面的全局感；有助于同时呈现前后景物，前景大、后景小，纵深感强；俯拍的景物容易产生变形，顶部大、底部小，给人以压抑、低沉的气氛。例如，电影《肖

申克的救赎》就使用一个俯拍镜头去表现主人公压抑的情感得以释放，在雨中拥抱自由的场景，如图 4-10 所示。

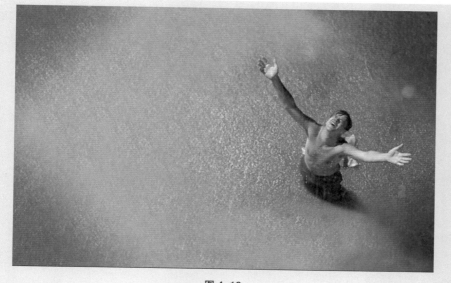

图 4-10

平拍是指摄影机角度与被摄物体在同一水平线，以平视的角度拍摄。平拍在拍摄中最常用到，因为平拍视角最接近于现实和人们的视觉习惯，形成的透视也比较正常，所拍摄的人物镜头，容易引起与观众之间的情感交流，有一种平易近人的感觉。平拍镜头更重视内容而非形式，趋向于真实，更具有代入感。

影片《饥饿游戏 3：嘲笑鸟》通过平拍镜头，展示了人物射箭的场景。在这个镜头中，没有将人物英雄化，而是带领观众成为了人物身后军队的一部分，注视她如何释放她的箭，让人物在观众面前显得更加真实、亲切，让观众深切感受人物的挣扎和努力，如图 4-11 所示。

图 4-11

3．按照镜头的时长可分为长镜头和短镜头

长镜头的"长"，指的是拍摄时开机点与关机点的时间距离，即影片的片段的长短。长镜头并没有绝对的标准，是相对而言较长的单一镜头。长镜头所记录的时空以及事态进展是连续的、客观的、真实的，通常用来表达导演的特定构想和审美情趣。

短镜头需要伴随蒙太奇手法。蒙太奇手法可以通过频繁的切换、一些象征意味的镜头以及观众自身的理解，在极短的时间内表达更多的内容。通过蒙太奇手法组合在一起的短镜头，一般富有节奏感，利用镜头之间的快速衔接，给观众以视觉冲击。

4.2 特效控制台

"效果控件"面板显示应用于当前所选剪辑的所有效果。在 Premiere Pro 中，每个剪辑自带的固定效果包括视频效果和音频效果两列。视频效果包含运动、不透明度及时间重映射效果；音频效果包含音量、声道音量以及声像器。只有在音频剪辑或视频剪辑链接了音频的情况下，才会包括音量效果，如图 4-12 所示。

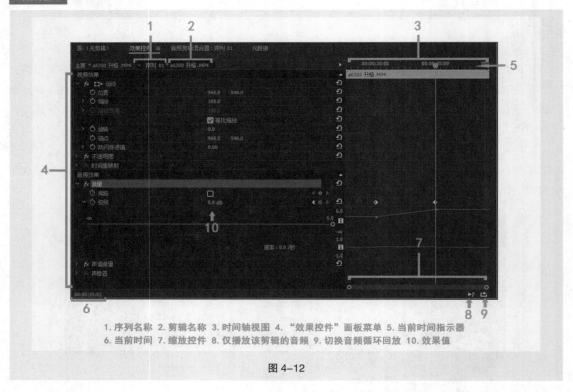

1．序列名称 2．剪辑名称 3．时间轴视图 4．"效果控件"面板菜单 5．当前时间指示器
6．当前时间 7．缩放控件 8．仅播放该剪辑的音频 9．切换音频循环回放 10．效果值

图 4-12

在 Premiere Pro 中，当为某一段素材添加音频特效、视频特效或者需要设置运动的属性时，需要在"效果控件"面板中进行相应的参数设置和添加或删除关键帧，画面的大小、位置及透明度等效果也需要在这里进行设置，如图 4-13 所示。

"效果控件"面板中的按钮功能介绍如下。

（1）显示／隐藏时间线视图：该按钮用于控制右侧的时间线区域是否展开，右侧窗口用来协助

预览效果，用户可以根据需要显示或隐藏它。

（2）显示／隐藏视频效果：该按钮用于控制视频特效是否展开，只有展开后才可以设置特效的参数。

（3）切换效果开关：该按钮用于控制是否应用特效，单击该按钮，当"fx"消失时表示关闭特效；单击该按钮，当"fx"出现时表示启用特效。

（4）展开／折叠：单击该按钮，可以展开或折叠特效的详细参数。

（5）重置：如果设置的参数不理想，单击该按钮可以复位当前的特效参数，回到初始状态。

（6）切换动画：单击该按钮，可以在编辑线标位置添加一个关键帧，此时可以调整特效的参数，否则设置的参数对整个素材有效。

图 4-13

4.3　设置关键帧

关键帧指角色或者物体运动或变化中的关键动作所处的那一帧。在 Premiere Pro 中，可以通过创建关键帧来形成画面的运动效果。两个关键帧中间的动作叫做过渡帧或者中间帧，由软件自动完成。本节以画面放大效果为例，展示设置关键帧的方法。

为了使画面放大，需要设置画面的"缩放"效果的关键帧动画。关键帧的具体设置方法如下所示。

（1）在时间线上选中素材片段，将"时间码播放指示器"移动到需要添加关键帧的素材片段的开始位置，在"效果控件"面板找到"缩放"效果选项，会看到在它前面有一个秒表样的按钮。需要在当前时间打开关键帧时，只需单击秒表按钮，此时软件即会自动生成一个菱形符号图标，即关键帧，如图 4-14 所示。注意，关键帧生成的位置是由"时间码播放指示器"所在位置而决定的，因此可以通过按住鼠标左键并拖曳"时间码播放指示器"的位置来改变关键帧位置。

图 4-14

（2）拖曳"时间码播放指示器"到所选素材片段的相应位置，调整"缩放"效果的属性参数，软件会自动在当前位置生成一个关键帧，如图 4-15 所示。

图 4-15

（3）如果用户需要修改关键帧所代表的数字或数值，必须先将"时间码播放指示器"移到关键帧上面。例如，当用户需要修改前一个关键帧的数值时，可以通过单击"转到上一关键帧"按钮、直接按住鼠标左键拖曳或者使用键盘的"←""→"方向键以"帧"为单位左右移动"时间码播放指示器"来实现，如图 4-16 所示。

（4）如果需要在不改变当前数值的情况下生成关键帧，可以单击"添加／移除关键帧"按钮，此时会在当前时间线位置生成一个数值与前面关键帧一样的关键帧，如图 4-17 所示。

图 4-16

图 4-17

4.4 设置运动效果

通过在"效果控件"面板调整各个素材的参数，并添加关键帧，可以设置素材画面的运动效果。本节以"时钟旋转"效果为例，介绍设置运动效果的方法。完成后的效果如图 4-18 所示。

（1）新建序列后导入"时钟"素材到项目窗口中，将素材拖曳到时间线上，并调整素材的长度，确定素材长度合适。注意，时钟"表盘"素材

扫码观看
案例操作

扫码观看
案例成片

应该放在最下方的视频轨道，"时钟""分针"素材放在"表盘"素材上方轨道，如图 4-19 所示。

图 4-18

图 4-19

（2）分别将"时针""分针"素材调整到表盘的中心点位置，可以通过调整"效果控件"面板当中的"位置"属性参数来实现。

（3）调整"分针"素材。选中"分针"素材，双击时间线监视窗口，拖曳红圈所示图标（锚点），将其移动到分针的圆点位置。采用同样的方法将时针的锚点拖曳到相同位置，如图 4-20 所示。

图 4-20

（4）在"效果控件"面板中调整"分针"素材的"旋转"属性参数。拖曳"时间码播放指示器"到开始的位置，添加关键帧，如果分针不需要调整某个特定位置，可以不调整"旋转"参数，此处选择不调整。拖曳"时间码播放器指示器"到结束位置，设置关键帧，此时调整参数到需要的位置即可，如图 4-21 所示。

图 4-21

（5）采用同样的方法调整"时针"素材的"旋转"参数。添加关键帧的位置与分针保持一致，调整"旋转"属性参数，如图 4-22 所示。

图 4-22

"时钟旋转"效果制作完成，播放查看效果。

4.5 课堂案例——制作"滚动画面运动"动画

打开文件夹"4.5"，使用所给素材，进行"滚动画面运动"实例的制作。具体操作步骤如下所示。

扫码观看
案例操作

扫码观看
案例成片

1. 对素材进行基本的编辑

新建序列后导入素材到项目窗口中，按住鼠标左键，将背景素材拖动到时间线上，对素材做适当的编辑，如图4-23所示。

图4-23

2. 制作滚动画面运动

（1）将制作滚动画面的图片素材添加到时间线上，先调整其中一张图片的"比例"，再通过设置其"运动"选项组中的"位置"属性的关键帧动画，实现图片从右向左的滚动运动效果，如图4-24所示，注意为图片设置适当的时长。

图4-24

（2）复制第一段素材的"运动"属性。在时间线上选中添加了"运动"效果的图片，在其对应的"效果控件"面板中选中"运动"选项组后单击鼠标右键，在弹出的快捷菜单中选择"复制"选项，即可将其"运动"效果粘贴到其他所有需要制作滚动运动效果的图片上，如图 4-25所示。

图 4-25

（3）可以先设置开始两张图片平稳匀速的滚动运动效果，适当控制这两张图片之间的间隔距离。采用同样的方法制作其他图片的运动效果，图片之间的间隔距离相同，如图 4-26 所示。

图 4-26

（4）预览整体效果，满意后保存并导出动画，如图 4-27 所示。

图 4-27

4.6　课后习题——图片视频制作（制作关键帧动画视频）

【习题知识要点】通过对本章内容的学习，自由选择静态图片制作动态视频。

要求：参考文件夹"4.5"中的案例，自由选择若干静态图片，通过设置关键帧和运动效果，完成动态视频的制作。

第5章

视频转场

▶ 本章导读

　　视频转场指的是视频中段落与段落、场景与场景、镜头与镜头之间的切换方式。本章首先学习影视视听语言中的不同景别，了解不同景别在视听语言中所起的作用。然后在掌握镜头组接规律的基础上，重点学习 Premiere 中视频转场的添加、删除和编辑方法，并利用视频转场实现影视镜头的切换，使画面流畅、过渡自然，从而优化视频编辑。

知识目标

- 了解景别的分类和作用。
- 了解镜头的基本组接规律。
- 学会添加 / 删除视频转场的方法。
- 掌握视频转场的编辑方法。
- 能够熟练应用不同的转场过渡。

慕课视频

视频转场

技能目标

- 掌握"水果拼盘"视频转场的编辑方法。
- 掌握"我爱我的祖国"MV 转场的编辑方法。

5.1 景别

景别是指由摄影机与被摄体距离的不同而造成的被摄体在影视画面中所呈现出来的范围大小的区别。简单来说，当大家使用手机进行画面拍摄时，如图5-1所示，对主要被摄景物或主要人物在手机显示屏上所呈现的画面大小加以区分，就是景别。

图 5-1

5.1.1 景别的分类

景别一般分为5类，按照画面中人物身体所占画面的比例进行划分，由远及近依次是远景、全景、中景、近景、特写，如图5-2所示。在远景和全景之间有一个细分景别，称为大全景；在中景和近景之间有一个细分景别，称为中近景；特写之后的细分景别称为大特写。

图 5-2

5.1.2 景别的作用

在电影中，导演和摄影师利用复杂多变的场面调度和镜头调度，交替地使用不同的景别，可以使影片剧情的叙述、人物思想感情的表达、人物关系的处理更具有表现力，从而增强影片的艺术感染力。

远景：在一部电影的开场或情节的结尾，经常会看到远景画面，图 5-3 所示为电影《海边的曼彻斯特》的远景镜头。远景在影像中的作用是为影片开篇定下基调，介绍故事发生的地点、环境，展示主人公的活动空间等。

远景中的被摄人物或景物通常占到镜头画面的 2/5，有时甚至占到镜头的 3/5 左右，也是一般视频拍摄中最为重要的镜头，它几乎包含了一段视频片段的所有要素。远景可以描绘一个足球场、度假中心或者一片海水浴场等。

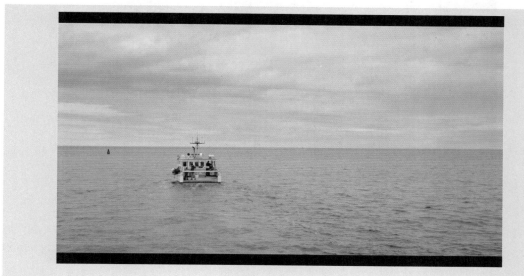

图 5-3

全景：全景是使一个人头顶画面顶端，脚踩画面底端，人物的全身都可见的景别。不过"顶天立地"拍摄出来的画面没有多余的空间，画面看起来会比较挤，所以大家在拍摄全景时，需要在头顶和脚底留出来一定的距离，除非极特殊的情况下，否则不建议主体人物紧贴视频边框，如图 5-4 所示。

图 5-4

全景用来表现场景的全貌或人物的全身动作，在影视语言中用于表现人物之间、人与环境之间的关系。全景画面主要表现人物全身，活动范围较大，体型、衣着打扮、身份交代得比较清楚，环境、道具也交代得比较清楚。

中景：俗称"七分像"，指摄取人物小腿以上部分的镜头，或用来拍摄与此相当的场景的镜头，是表演性场面的常用景别，图 5-5 所示为影片《王牌特工：黄金圈》中的中景镜头。中景画面是叙事性的景别，所以在平时的视频拍摄中的占比较大。

图 5-5

中景在两人或三人的对话场景中使用最频繁。脸部的表情和身体语言都能在此景别中得到很好的体现，且镜头中还包含了足够的背景，可以让观赏视频的人获得更丰富的信息。因此中景在影视作品中的占比较大，表现多人时，可以清晰地表现人物之间的关系。

近景：指摄取胸部以上的影视画面，有时也用于表现景物的某一局部。近景视觉效果比较鲜明，有利于对人物的容貌、神态、衣着细节、动作进行描写，可以表现人物的感情交流，揭示人物的内心活动，如图 5-6 所示。

图 5-6

近景的屏幕形象是近距离观察人物的体现，也是人物之间进行情感交流的景别。近景着重表现人物的面部表情，传达人物的内心世界，是刻画人物性格最有力的景别。近景中的环境退于次要地位，画面构图应尽量简练，避免杂乱的背景夺取观众视线，因此常用长焦镜头拍摄，利用景深小的特点虚化背景。

特写：指摄影机在很近距离内摄取对象。通常以人体肩部以上的头像为取景参照，突出强调人体的某个局部，或相应的物件细节、景物细节等，如图5-7所示。特写可以表达、刻画人物的心理活动和情绪变化；起到震撼观众感情，吸引观众注意力的作用；可以交代观众一般注意不到的事物。由于特写的空间感表现不强，常常被用作转场画面。

图 5-7

特写镜头是电影画面中视距最近的镜头，因为其取景范围小、画面单一，表现的对象可以在整个环境中凸显出来，形成强调效果。特写镜头能够表现人物面部表情的变化，使欣赏者在视觉上和心理上受到感染。

5.2 镜头组接

镜头组接，是将单独的镜头画面按照一定的逻辑和构思，有意识、有创意和有规律地连接在一起，形成一段完整的影像画面。掌握镜头组接的规律和方法，才能将一部影片由众多镜头合乎逻辑地、有节奏地组接在一起，从而使观众感同身受，引人入胜。

5.2.1 影视剪辑的画面处理技巧

淡入：指下一段戏的第一个镜头亮度由零逐渐增至正常的强度，有如舞台的"幕启"。例如，电影《缝纫机乐队》开始时镜头切换"淡入"的效果，如图5-8所示。

淡出：指上一段戏的最后一个镜头由正常的亮度逐渐变暗到零，有如舞台的"幕落"，与淡入是近乎相反的过程。

叠：指前后画面各自并不消失，都有部分"留存"在银幕或荧屏上。它是通过分割画面，用来表现人物的联系、推动情节的发展等。

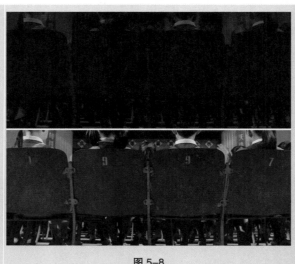

图 5-8

　　化：又称"溶"，是指前一个画面刚刚消失，第二个画面又同时涌现，二者是在"溶"的状态下，完成画面内容的更替。化的过程通常有 3 秒左右。化通常用于时间转换；表现梦幻、想象、回忆；表现景物变幻莫测，令人目不暇接；自然承接转场，叙述顺畅、光滑。例如，电影《我的父亲母亲》中镜头就使用了"化"的技巧，如图 5-9 所示。

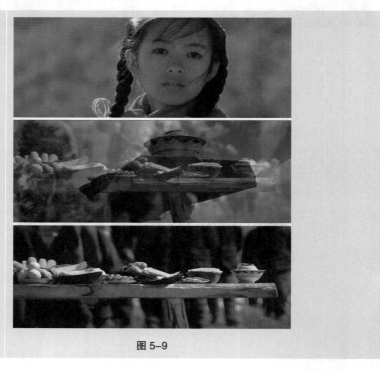

图 5-9

　　划：又称"划入划出"。它不同于化、叠，是使用线条或几何图形，如圆、菱、帘、三角、多角等形状的方式，改变画面内容的一种技巧。例如，使用"圆"的方式又称为"圈入圈出"；使用"帘"的方式又称为"帘入帘出"，即像卷帘子一样，使镜头内容发生变化。

倒正画面：以银幕或荧屏的横向中心线为轴心，经过 180° 的翻转，使原来的画面由倒到正，或由正到倒。

翻转画面：以银幕或荧屏的竖向中心线为轴线，使画面经过 180° 的翻转而消失，引出下一个镜头。例如，电影《小时代 2》中翻转的镜头如图 5-10 所示。翻转画面一般用于表现新与旧、穷与富、喜与悲、今与昔的强烈对比。

图 5-10

闪回：影视中表现人物内心活动的一种手法，即突然以很短暂的画面插入某一场景，用以表现人物此时此刻的心理活动和感情起伏，手法极其简洁明快。"闪回"的内容一般为过去出现的场景或已经发生的事情。如果用于表现人物对未来或即将发生的事情的想象或预感，则称为"前闪"。例如，电影《盗梦空间》中闪回的镜头如图 5-11 所示。

图 5-11

多屏画面转场：这种技巧有"多画屏""多画面""多画格"和"多银幕"等多种名称，是近代影视艺术的新手法。把银幕或者屏幕一分为多，可以使双重或多重的情节齐头并进，极大地压缩了影片的展示时间。例如，在电影《煎饼侠》中打电话的场景画面，电话两边的人同时出现在画面中，是一个多屏画面转场，如图 5-12 所示。

图 5-12

5.2.2　镜头的组接原则

镜头的组接不是随意的，必须符合观众的思想方式，还要符合生活和思维的逻辑，同时表达的主题与中心思想一定要明确，只有这样，才能让视频画面看起来有条理性，不会使观众感到突兀或者难以接受。镜头的组接通常需要遵循以下原则。

1．景别的变化要"循序渐进"

在表现场景变化的影片中，循序渐进地变换不同视觉距离的镜头，可以完成顺畅的连接，形成不同的蒙太奇句型。常见的有以下 3 种句型。

前进式句型：这种叙述句型是指景物由远景、全景向近景、特写过渡，用来表现由低沉到高昂向上的情绪变化和剧情的发展。

后退式句型：这种叙述句型是由近到远，表示由高昂到低沉、压抑的情绪变化，在影片中表现由细节扩展到全部。

环行句型：是把前进式和后退式的句子结合在一起使用，由全景—中景—近景—特写，再由特写—近景—中景—远景，也可反过来运用。表现情绪由低沉到高昂，再由高昂转向低沉的变化。这类句型一般在影视故事片中较为常用。

2．避免雷同镜头组接

在镜头组接的时候，如果遇到同一机位，同景别又是同一主体的画面不能组接，因为这样的镜头景物变化小，看起来雷同，接在一起好像同一镜头不停地在重复。遇到这种情况，最好的办法是采用过渡镜头。可以从不同角度拍摄画面，穿插字幕过渡，让表演者的位置、动作变化后再组接。

这样组接后的画面就不会产生跳动、断续和错位的感觉。

3. 注意遵循轴线原则

在主体物进出画面时，需要注意拍摄的总方向，人物运动方向和人物之间相互交流的位置关系有一条无形的线，这条线称为"轴线"。摄影所谓的"轴线规律"是指拍摄的画面不能有"越轴"现象。在拍摄的时候，如果拍摄机始终位于主体运动轴线的同一侧，则构成画面的运动方向、放置方向都是一致的，否则就是"越轴"。越轴的画面除了特殊的需要以外是无法组接的。所以，在镜头组接时，要时刻保证同一场戏、同一轴线的镜头组接在一起，如图 5-13 所示。

图 5-13

4. 镜头组接要遵循"运动接运动""静止接静止"的原则

如果画面中同一主体或不同主体的动作是连贯的，可以动作接动作，达到顺畅、简洁过渡的目的，简称为"运动接运动"。如果两个画面中的主体运动是不连贯的，或者它们中间有停顿，则这两个镜头的组接，必须在前一个画面主体做完一个完整动作停下后，接上一个从静止到开始的运动镜头，这就是"静止接静止"。"运动接运动"组接时，前一个镜头结尾停止的片刻叫"落幅"，后一镜头运动前静止的片刻叫作"起幅"，起幅与落幅时间间隔为 1 ~ 2 秒。运动镜头和固定镜头组接，同样需要遵循这个原则。如果一个固定镜头要组接一个摇镜头，则摇镜头开始要有起幅；相反，一个摇镜头组接一个固定镜头，那么摇镜头要有落幅，否则画面会给人一种跳动感。为了特殊效果，也会有"静止接运动"或"运动接静止"的镜头的存在。

5. 镜头的时长

在进行镜头组接时，每个镜头的时间长短，首先要根据其表达内容的难易程度，观众的接受能力来决定，其次还要考虑到画面构图等因素。由于画面中场景不同，画面所表现的内容也不同。远景、中景等镜头大的画面包含的内容较多，观众需要看清楚这些画面上的内容，所需的时间就相对长些；而对于近景、特写等镜头小的画面，所包含的内容较少，观众只需要短时间即可看清。另外，一幅或者一组画面中的其他因素，也会直接决定画面的长短。例如，画面中亮度大的部分比亮度暗的部分能引起人们的注意，因此如果该幅画面要表现亮的部分时，长度应该短些；如果要表现暗部分的时候，则长度应该长一些。在同一幅画面中，动的部分比静的部分先引起人们的视觉注意。因此如果重点要表现动的部分时，画面要短些；表现静的部分时，则画面持续长度应该稍微长一些。

6. 镜头组接要遵循画面的色彩规律

黑白画面，不论原来是什么颜色，都是由深浅不同的黑白层次组成软硬不同的影调来表现的；而彩色画面，则是通过不同的明暗层次和色彩过渡来表现画面的不同主题。无论是黑白还是彩色画面组接都应该保持画面影调的一致性。如果把明暗或者色彩对比强烈的两个镜头组接在一起（除了特殊的需要外），会使人感到生硬和不连贯，影响画面的流畅性。

7. 镜头组接的节奏

影视节目的题材、样式、风格以及情节的环境气氛、人物的情绪、情节的起伏跌宕等是影视节目节奏的总依据。影片节奏除了通过演员的表演、镜头的转换和运动、音乐的配合、场景的时空变化等因素体现以外，还需要运用组接手段，严格掌握镜头的尺寸和数量，整理调整镜头顺序，删除多余的枝节才能实现。也可以说，组接节奏是组接的最后一个组成部分。处理影视节目的任何一个情节或一组画面时，都要从影片表达的内容出发来处理节奏问题。如果在一个宁静祥和的环境里使用了快节奏的镜头转换，就会使得观众觉得突兀跳跃，心里难以接受。而在一些节奏强烈、激荡人心的场面中，就应该考虑到种种冲击因素，使镜头的变化速率与观众的心理要求一致，通过增强观众的情绪达到吸引注意力和引导模仿的目的。

5.2.3　镜头的组接方法

镜头画面的组接除了采用符合光学原理的手段以外，还可以通过其他的方法衔接，从而使镜头之间直接切换或情节更加自然顺畅，以下将介绍几种在视频编辑中有效的镜头组接方法。

（1）连接组接：相连的两个或者两个以上的一系列镜头表现同一主体的动作。

（2）队列组接：镜头相连但不是同一主体的组接，由于主体的变化，下一个镜头主体的出现，观众会联想到上、下画面的关系，起到呼应、对比、隐喻、烘托的作用。队列组接往往能够创造性地揭示出一种新的含义。

（3）两极镜头组接：它是由特写镜头直接切换到全景镜头或者从全景镜头直接切换到特写镜头的组接方式。这种方法能够使情节的发展在动中转静或者在静中变动，给观众的直观感极强，在节奏上形成突如其来的变化，产生一种特殊的视觉和心理效果。

（4）同镜头组接：将同一个镜头分别在几个地方使用。运用该种组接技巧的时候，往往是出于以下考虑。

① 所需要的画面素材不够。

② 有意重复某一镜头，用来表现某一人物的情思和追忆。

③ 为了强调某一画面所特有的象征性的含义以引发观众的思考。

④ 为了造成首尾相互接应，从而在艺术结构上给人以完整而严谨的感觉。

（5）画面的匹配组接：画面组接时，上、下镜头应当保持和谐一致的关系，这种和谐就是画面的匹配，主要包括位置的匹配、方向的匹配和运动的匹配等。

① 位置的匹配：同一主体，不同景别的前、后两个镜头组接时，主体应在画面的相同位置。当两个画面有对应或有冲突关系时，两者应在相反位置。

② 方向的匹配：方向主要是人物视线的方向和运动的方向。方向的匹配就是要保持定位人物视线方向的一致和运动方向的统一。例如，电影《极限特工》的镜头视线组接片段如图5-14所示。

图5-14

③ 运动的匹配：运动的匹配是指画面内运动的主体在前、后两个镜头组接时，要保持动作的连贯性，运动速度相同或相近，设定的运动方向要一致。

（6）特写镜头组接：上个镜头以某一人物的某一局部（头或眼睛）或某个物件的特写画面结束，然后从这一特写画面开始，逐渐扩大视野，以展示另一情节的环境。目的是为了在观众注意力集中在某一个人的表情或者某一事物的时候，在不知不觉中就转换了场景和叙述内容，而不使人产生陡然跳动的不适之感。

（7）景物镜头组接：在两个镜头之间借助景物镜头作为过渡。其中，以景为主、物为陪衬的镜头，可以展示不同的地理环境和景物风貌，也可以表示时间和季节的变换，又是以景抒情的表现手法；以物为主、景为陪衬的镜头，往往用来进行镜头转换。

镜头的组接方法多种多样，应按照创作者的意图，根据情节的内容和需要而创造，没有具体的规定和限制。在具体的影视镜头编辑中，可以尽量根据情况发挥，但不要脱离实际的情况和需要。

5.3　应用转场

剪辑的转场又被称为"过渡"，指的是镜头之间的衔接方式，转场分为硬切和软切两种。硬切指的是两段剪辑片段首尾直接相接；软切是指相邻两片段之间设置各种过渡方式，达到不同的转场效果。硬切和软切都是常用的切换方式，具体使用还要根据剪辑的需要来决定。使用转场时，必须在片段的开始、结尾或者相邻的两个片段之间进行设置。

在 Premiere Pro CC 中，转场效果在 "效果"面板的"视频过渡"文件夹中。按转场过渡类型分别存放在不同的子文件夹中，如图 5-15 所示，用户可以根据需要随时调用。

5.3.1　添加转场

添加转场，让剪辑片段以某种效果切换到下一片段，是视频编辑的常用手段。本节带大家学习添加转场的基本方法。

图 5-15

（1）将视频素材拖曳到时间线窗口的视频轨道中，排好顺序，无缝连接。

（2）从"效果"面板里找到"视频过渡"文件夹。展开不同转换效果的文件夹，把选中的场景切换效果拖曳到时间线窗口中要加入转场的素材之间，素材间出现转换标志。

也可以在两段素材中间单击鼠标右键，在弹出的快捷菜单中选择"应用默认过渡"选项，如图 5-16 所示。

默认的过渡效果可以自定义，在"效果"面板展开"视频过渡"文件夹，在需要的过渡效果上单击鼠标右键，在弹出的快捷菜单中选择 "将所选过渡设置为默认过渡"选项即可，如图 5-17 所示。

（3）改变视频场景切换选项内参数的设置。选中视频轨道中添加的视频切换效果，打开"效果控件"面板，对过渡效果进行设置。需要设置的有切换持续时间、切换校准的位置、切换过程中相邻素材边缘线条的设置及切换方向的设置。没有特殊要求时可以直接使用切换效果的默认设置。

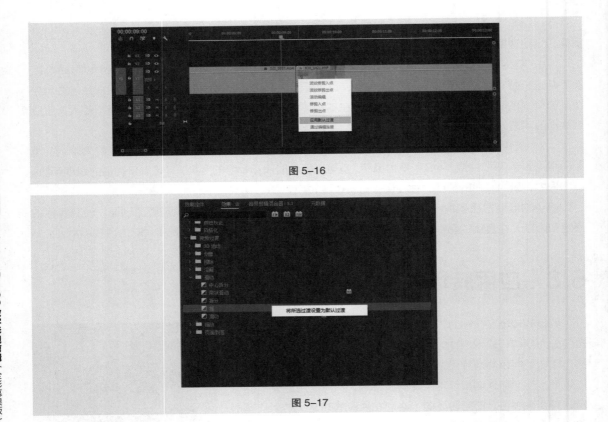

图 5-16

图 5-17

5.3.2　应用单侧转场

　　单侧转场，是指在剪辑片段的一侧添加过渡效果，最容易理解的切换是仅用于一个剪辑的一段切换。可以是在序列的第一个剪辑上应用淡入效果（从黑场进入画面），或者是在结尾应用一个淡出效果，使得最后只留下屏幕。以下是添加单侧转场的具体操作方法。

　　（1）打开序列，在"效果"面板中，单击"视频过渡→溶解"文件夹前的下拉按钮，找到"交叉溶解"效果，如图 5-18 所示。

图 5-18

（2）按住鼠标左键，将效果拖曳到第一个视频剪辑的开头。对于第一个剪辑，只能将效果设置为开始位置对齐，如图5-19所示。

图5-19

（3）使用同样的方法，将"交叉溶解"效果拖曳到最后一个视频剪辑的结尾，为结尾添加淡出的效果，如图5-20所示。

图5-20

对于最后一个剪辑，只能将效果设置为结束位置对齐。溶解图标表明效果将从剪辑结束之前开始，并在剪辑结束时完成。因为是在剪辑的末尾应用了"交叉溶解"效果，这个位置没有链接的剪辑，所以图像将溶解在时间线的背景中（背景宜为黑色）。这种类型的切换并不会将剪辑拉长（使用手柄），因为切换没有跨越剪辑的末尾。

（4）通过播放序列查看效果。最终呈现的效果是序列的开头看到一个淡入画面，并在结尾看到一个淡出渐黑画面。

以这种方式应用"交叉溶解"效果时，效果应该看起来与"渐隐为黑"效果相似，后者将切换到黑色，而交叉溶解效果是让剪辑片段逐渐变为透明。当处理剪辑的多个图层，或者剪辑有不同颜色的背景图层时，这一区别将更为明显。

5.3.3 在两个剪辑之间应用切换

在相邻两个剪辑之间应用切换，是一种常见的转场形式。原理是通过效果控件，在两个剪辑之间建立一段相交的片段，形成前一剪辑逐渐减弱，后一剪辑逐渐出现的效果。具体操作步骤如下所示。

（1）打开序列，在"效果"面板中，单击"视频过渡→滑动"文件夹前的下拉按钮，找到"推"效果，如图5-21所示，按住鼠标左键，将"推"效果拖曳到两段剪辑之间的编辑点上。在相邻两个剪辑之间，可以应用"视频过渡"文件夹中的任何一种过渡效果。

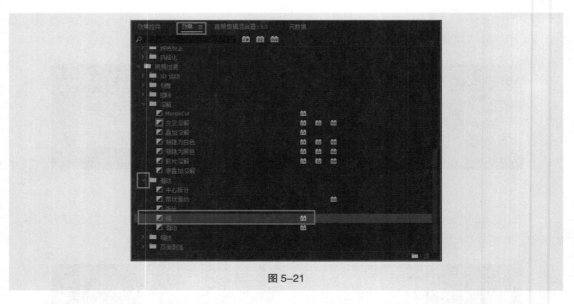

图 5-21

（2.）在时间线上选中"推"效果，进入"效果控制"面板，勾选"显示实际源"复选框，显示过渡的效果预览。在此面板，可以修改过渡的属性，如过渡方向、对齐方式、边框等，如图 5-22 所示。

图 5-22

5.3.4 同时为多个剪辑应用切换

在 Premiere Pro CC 里，还可以对静态图像、图形、颜色蒙版甚至音频应用切换。其中，用户最常遇到的类型是静态图像。在静态图像之间应用过渡效果，可以将若干图片变成一个动态视频，使其更加生动。如果一次为大景图像应用过渡效果将花费大量的时间。Premiere Pro 提供了批量添加切换效果的功能，使多个镜头之间的应用切换变得更加轻松。具体操作步骤如下。

（1）打开序列，在项目窗口中导入所需要的素材。

（2）在时间线上对素材进行排序和剪辑，确定剪辑顺序。

（3）使用"选择工具"，按住鼠标左键，在所有剪辑周围绘制一个选取框以全部选择它们。

（4）按照上面章节讲到的方法，设置默认的过渡效果。

（5）选择菜单栏中的"序列→应用默认过渡到选择项"选项，将所设置的默认过渡效果应用到所选剪辑片段上，如图5-23所示。

图 5-23

素材的最终效果如图5-24所示，每个片段前后都添加了一个时长为1秒的默认过渡效果，可以预览查看，或者修改过渡时长。

图 5-24

如果素材箱中的素材片段是按照顺序排好的，可以直接执行"自动匹配序列"命令。将开头两段素材拖曳到时间线上，添加一个默认效果，将"时间码播放指示器"移动到第二段素材的最后，选中剩余素材，单击项目窗口右下角的"自动匹配序列"按钮，软件会自动将剩余素材添加到时间线上，并完成所有素材的转场，自动添加效果，这里添加的也是默认的过渡效果。

5.4 课堂案例——制作"水果拼盘"案例剪辑

打开文件夹"5.4"，根据所给素材进行片段剪辑，并加上合理的转场，使整个剪辑流畅自然。

（1）了解素材，区分不同景别，构建一个大体框架，具体思路是"小朋友在玩耍（全景）—妈妈在准备食物（全景）—展示准备了什么食物（近景或特写）—桌子上的菜越来越多（全景）—妈妈摆放最后一盘菜（近景）—妈妈露出了满意的笑容（中景或全景）"。

（2）按照顺序选择相应镜头添加到时间线上，同时修改其长度，使其符合预期。这里需要注意的是，妈妈排放食物的镜头景别大多相似，可以在中间插入食物的镜头进行过渡，使画面更有节奏感，如图 5-25 所示。

图 5-25

（3）加入相应的特效。例如，妈妈忙碌的镜头可以添加"交叉溶解"效果（可以选择批量添加效果），菜品展示可以添加"推"效果或者"交叉缩放"效果等，如图 5-26 所示。

图 5-26

（4）预览剪辑，调整过渡效果时长，并输出文件。

5.5 课后习题——制作"我和我的祖国"歌曲剪辑

【习题知识要点】通过对本章内容的学习,剪辑"我和我的祖国"歌曲MV。

要求:打开素材文件夹"5.5",根据所给素材和音乐进行剪辑,注意镜头语言的应用,并在相应位置合理添加转场过渡效果。

扫码观看
案例操作 1

扫码观看
案例操作 2

扫码观看
案例操作 3

扫码观看
案例操作 4

扫码观看
案例成片

第6章

视频特效

06

▶ 本章导读

　　视频特效是非线性编辑软件的重要功能之一，利用 Premiere 为素材添加视频特效，不仅可以使影片镜头在时间和空间上发生变化，而且能够修饰前期拍摄的不足和瑕疵，从而达到改善视觉效果、提高艺术感染力的目的。本章将带领读者了解 Premiere 的视频特效面板，学习怎样利用常用的视频特效使影片达到更好的效果，同时，介绍使用 Premiere 对影片进行颜色校正的方法。

知识目标

- 熟练掌握特效面板的使用。
- 熟练掌握常用特效的使用。
- 熟练掌握示波器的使用。
- 熟练掌握调色工具的使用。

技能目标

- 掌握基本的颜色校正方法。
- 掌握风格化调色方法。

慕课视频

视频特效

6.1 使用视频特效

在数字视频编辑中使用视频特效的作用有很多，可以解决图像质量问题，如曝光过度或曝光不足，又如色彩偏差；也可以解决各种制作问题，如摄像机抖动和果冻效应；还可以改变色彩或扭曲素材，并且可以在帧内对素材的大小和位置进行动画处理。

6.1.1 "效果"面板

Premiere Pro "效果" 面板中有标准的效果，其中，"Lumetri 预设" 是软件为用户准备的调色预设；其余效果主要分为视频和音频两大类，每种分类又可分为效果和过渡两类，如图 6-1 所示。本章主要介绍视频效果，由于可供选择的效果很多，因此视频效果可分为 19 个类别，如图 6-2 所示。如果安装了第三方效果插件，则可用选择更多。

图 6-1

图 6-2

效果按照其功能进行分组，包括扭曲、模糊与锐化、时间等，每组包含若干效果，如 "模糊与锐化" 效果组中就包括 "复合模糊" "方向模糊" 等效果，如图 6-3 所示。

在浏览视频效果时，可以看到几个图标，如图 6-4 所示。通过这些图标可以选择使用的效果。

图 6-3

图 6-4

加速效果："加速效果"图标 表示可以使用图形处理单元（GPU）来加速效果。GPU（通常称为视频卡或显卡）可以极大提升 Premiere Pro 的性能。水银回放引擎支持的显卡范围非常广泛，在安装了正确的显卡后，这些效果通常提供加速甚至实时性能，并仅需要在最终导出时进行渲染。在 Premiere Pro 产品页面可以找到支持的显卡列表。

32 位颜色（高位深）效果："32 位颜色（高位深）效果"图标 表示带有 32 位颜色支持图表的效果可以在每通道 32 位模式中处理，也被称为高位深效果或浮点处理效果。

在下述情况中，应该使用高位深效果。

（1）处理的视频镜头带有每通道 10 位或 12 位的解码器（如 RED、ARRIRAW、AVC-Intra 100、10 位的 DNxHD、ProRes 或 GoPro CineForm）。

（2）在对任意素材应用多种效果后，想要保持更高的视频质量。

此外，在每通道 16 或 32 位色彩空间中渲染的 16 位照片或 Adobe After Effects 文件可以使用高位深效果。

如果在编辑时没有使用 GPU 加速，可以在软件模式下应用高位深效果，但这要确保序列设置已经勾选了"以最大深度渲染"复选框，如图 6-5 所示。该复选框在导出设置对话框的"视频"选项卡中。

图 6-5

YUV 效果："YUV"图标 表示效果在 YUV 空间中处理颜色，这在调色过程中尤为重要。不带"YUV"图标的效果会在计算机的原生 RGB 空间中进行处理，而这会导致在调整曝光和颜色时不准确。

6.1.2　效果应用

"效果"面板中绝大多数视频效果的参数调整可以在"效果控件"面板中进行，可以对每一个效果都添加关键帧，还可以使用贝塞尔曲线调整这些关键帧动画的速度和加速度。

下面制作一个课堂小案例。

（1）打开文件夹"ch06 → 6.1.2"，将素材"1"与素材"2"导入 Premiere Pro 中。

（2）将素材"1"与素材"2"添加到时间线上，如图 6-6 所示。

图 6-6

（3）在"效果"面板中，选择"视频效果→模糊与锐化→方向模糊"效果，如图6-7所示。

（4）按住鼠标左键，将"方向模糊"效果分别拖曳到时间线中的素材"1"与素材"2"中。

（5）选中素材"1"，打开"效果控件"面板，如图6-8所示，展开"方向模糊"效果参数，将"方向"调整为"90.0°"。

图 6-7   图 6-8

（6）将"时间码播放指示器"头放到素材"1"的最后一帧，即两个剪辑的切点处，如图6-9所示。

图 6-9

（7）在时间线中选中素材"1"，在"效果控件"面板中，展开"方向模糊"效果参数，单击"模糊长度"前的"秒表"图标，该图标变化为，此时自动记录关键帧。

（8）连续按下键盘的"←"键，将"时间码播放指示器"往前调整10帧的位置，如图6-10所示。

图 6-10

（9）选中素材"1"，在"效果控件"面板中，将"方向模糊"效果的"模糊长度"属性调整为

"1000.0"，如图 6-11 所示。

图 6-11

（10）采用同样的方式，设置素材"2"的 2 个关键帧，将参数与素材"1"的参数反过来。

如果想要复制素材"1"的特效以及参数，可以在时间线中选中素材"1"，选择菜单栏中的"编辑→复制"选项，选中目标素材片段，选择菜单栏中的"编辑→粘贴属性"选项，完成效果和参数的复制。通过"效果"面板将两个关键帧的数值对换，如图 6-12 所示，可以通过拖曳滑块处的图标进行区域缩放，以方便进行操作。

图 6-12

6.1.3 调整图层效果

如果想将一种效果或调色应用于多个剪辑素材片段，一种简单方式是使用调整图层，即创建一个包含效果且位于时间线上其他剪辑上方的调整图层。调整图层下方的所有内容都将通过调整图层来查看，并接收它所具有的所有效果。

同调整其他图形剪辑一样，用户可以轻松地调整一个调整图层剪辑的持续时间和不透明度，以便控制哪些剪辑可以透过这个调整图层被看到。借助调整图层，用户可以更快速地处理效果，可以直接修改它上面的设置，进而影响其下方剪辑的效果。

下面为已经编辑好的序列添加一个调整图层。

（1）打开文件夹"ch06→6.1.3"，导入项目文件"整体调整效果"并打开"序列 01"。

（2）在项目窗口底部，单击"新建项"按钮，在弹出的菜单中选择"调整图层"选项，如图 6-13所示。

（3）弹出"调整图层"对话框，对话框允许用户为新创建的项目指定设置，默认情况下，这些设置以当前的序列为基础，如图 6-14 所示。单击"确定"按钮。

（4）在项目窗口中，将刚才新建的调整图层拖曳到时间线的 V2 轨道上，拖曳调整层边缘使其延长到序列末尾，如图 6-15 所示。

图 6-13

图 6-14

图 6-15

（5）在"效果"面板中，选择"视频效果→图像控制→黑白"效果，拖曳效果到时间线上的调整图层上，此时整体剪辑变为黑白效果。

大家可以举一反三，通过不同的效果练习这一节内容。

6.1.4　将剪辑发送给 AE

由于 Premiere Pro 和 After Effects 之间具有紧密的关系，因此与其他编辑平台相比，用户可以无缝使用这两种编辑软件，这是一个提升工作效率的非常有用的方法。

下面将介绍如何使用这两种软件编辑剪辑。

（1）打开 After Effects，打开"ch06 → 6.1.4"文件夹，将文件夹中的海豚素材导入软件中。

（2）通过 After Effects 制作相关动画，可以参考本小节文件夹中的 AE 项目文件或者参考相关 After Effects 教材。

（3）在 After Effects 软件中的项目管理窗口中选中项目"合成 1"，拖曳项目"合成 1"，如图 6-16 所示，按"Alt+Tab"组合键切换到 Premiere Pro 软件中，找到素材管理窗口，释放鼠标，如图 6-17 所示。注意拖曳前一定要把预览显示设置为"Full"，如图 6-18 所示。

图 6-16

图 6-17　　　　　　　　　　　　　　　图 6-18

（4）刚拖曳到 Premiere Pro 中的 AE 合成是不能直接当素材使用的，选中该素材，单击鼠标右键，在弹出的快捷菜单中选择"从剪辑新建序列"选项，如图 6-19 所示，此时，在 AE 做出的效果即可在 Premiere Pro 中进行使用了，如图 6-20 所示。

图 6-19

图 6-20

6.2　特效预设

为了在执行重复任务时节省时间，提高工作效率，Premiere Pro 支持对特效效果进行预设。创建效果预设时，可以存储多种效果，甚至可以为动画保存关键帧。

6.2.1　使用内置预设

Premiere Pro 提供的效果预设可以用于斜边、画中画效果和风格化过渡等任务。

（1）启动 Premiere Pro CC，并打开"ch06→6.2.1"文件夹，将文件夹中的猫咪素材导入软件中，并新建一个序列，将素材拖曳到序列当中。

（2）在"效果"面板中，选中"预设→过度曝光"效果，给时间线上的第一个剪辑添加"过度曝光出点"，之后为时间线上的第二个剪辑添加"过度曝光入点"，如图 6-21 所示，此时即完成了一个简单的转场效果。

图 6-21

（3）用户还可以调整"效果控件"面板中的动画曲线，使动画变得丰富多彩。选中第一个剪辑，在"效果控件"面板中可以看到该效果预设的动画曲线以及关键帧，如图 6-22 所示。

图 6-22

（4）选中最左边的关键帧并单击鼠标右键，弹出快捷菜单，如图 6-23 所示，其中除了基本的关键帧属性的还原、复制等选项之外，还有关于曲线的几种调整方式选项，如线性、贝塞尔曲线等，这些统称为关键帧插值。

下面将介绍 Premiere Pro 中可用的关键帧插值的区别。

线性：这是默认行为，将创建关键帧之间的匀速变化。

贝塞尔曲线：该选项允许用户手动调整关键帧任一侧的图形形状，该曲线允许在进、出关键帧时突然加速或平滑加速。

连续贝塞尔曲线：选择该选项将创建通过关键帧的平滑速率变化曲线。与"贝塞尔曲线"不同，如果调整"连续贝塞尔曲线"关键帧一侧的手柄，则关键帧另一侧的手柄会以相反的方式移

图 6-23

动，以确保通过关键帧时平滑过渡。

自动贝塞尔曲线：即使改变关键帧参数值，选择该选项也能在通过关键帧时创建平滑的速率变化曲线。如果选择手动调整关键帧的手柄，它将变为 "连续贝塞尔曲线"点，保持通过关键帧时的平滑过渡。"自动贝塞尔曲线"选项偶尔可能生成不想要的动画曲线，因此可以先尝试其他选项。

定格：该选项会改变属性值，在没有渐变过渡（效果突变）时应用了"定格"插值后，关键帧后面的动画曲线显示为水平直线。

缓入：该选项减缓进入关键帧的数值变化，并将其转换为一个贝塞尔关键帧。

缓出：该选项逐渐增加离开关键帧的数值变化，并将其转换为一个贝塞尔关键帧。

6.2.2 保存效果预设

尽管有几种效果预设可供选择，但用户也可以自定义效果预设。除此之外，还可以导入和导出预设，在不同的编辑系统之间进行共享。

（1）启动 Premiere Pro CC，打开素材文件夹中的项目文件，这是一个之前做好的案例，我们将其中的效果保存为预设效果，并将效果应用到其他素材上。

（2）选中时间线上的剪辑"1"，在"效果控件"面板中选中"方向模糊"效果，单击鼠标右键，如图 6-24 所示，在弹出的快捷菜单中选择"保存预设"选项。

（3）弹出"保存预设"对话框，如图 6-25 所示，在此可以设置预设效果的名称和文字描述信息等内容。下面将详细讲解"类型"中的几个单选按钮。

图 6-24

图 6-25

缩放：按比例将源关键帧缩放为目标剪辑的长度。该操作会删除原始剪辑上的所有关键帧。

定位到入点：保持第一个关键帧的位置及其与剪辑中其他关键帧的关系。会根据第一个关键帧的入点位置为剪辑添加其他关键帧。

定位到出点：保持最后一个关键帧的位置及其与剪辑中其他关键帧的关系。会根据最后一个关键帧的出点位置为剪辑添加其他关键帧。

本练习案例，因为剪辑"1"中效果的关键帧在出点位置，所以选中"定位到出点"单选按钮。

（4）输入预设效果名称"方向模糊转场出点"，单击"确定"按钮，将效果和关键帧存储为一个新的预设。

（5）在"效果"面板中，展开"预设"文件夹，可以发现新保存的预设，如图6-26所示。

图6-26

（6）在时间线上选中剪辑"2"，使用同样方法保存预设，预设的名称为"方向模糊转场入点"，"类型"为"定位到入点"。

（7）将素材文件夹里的素材"3"和素材"4"导入软件中，选取素材合适的部分添加到时间线上，选中特效面板中保存的两个预设效果，将其拖曳到时间线上。

（8）播放序列，查看应用效果。

6.3 常用视频特效

前面章节已经介绍了几种效果，多数情况下，一些效果不常使用，根据实际情况，本节将介绍几种常用的视频特效。

6.3.1 时间码和剪辑名称

如果需要将序列的审查副本发送给客户或同事，可以使用"时间码"和"剪辑名称"效果。为调整图层添加"时间码"效果，为整个序列生成可见的时间码。在导出媒体时，可以启用相似的时间码叠加，但是该效果会有更多的选项。

此效果非常实用，因为它允许客户根据特定时间点做出具体的反馈。可以控制显示的位置、大小、不透明度、时间码本身，以及其格式和来源。"剪辑名称"效果需要直接应用到每个剪辑上。

（1）启动Premiere Pro CC，并打开"ch06 → 6.3.1"文件夹，将文件夹的素材导入软件中，并新建一个序列，将素材拖曳到序列当中。

（2）单击项目窗口底部的"新建项目"按钮，在弹出的菜单中选择"调整图层"选项，如图6-27所示，在弹出的"调整图层"对话框中完成设置后，单击"确定"按钮，新建一个调整图层效果。

（3）将"调整图层"效果拖曳到序列窗口中的V2轨道上，并向右侧边缘位置进行拖曳，使之扩展到序列的结尾，完全覆盖V1轨道上的3个剪辑片段，如图6-28所示。

图6-27

图 6-28

（4）在"效果"面板中，选中"视频效果→视频→时间码"效果，如图 6-29 所示，并将其拖曳到"调整图层"效果上。

图 6-29

（5）选中"调整图层"效果，打开"效果控件"面板，设置"时间码"效果的"时间显示"参数为"25"，以匹配序列的帧速率，如图 6-30 所示。

图 6-30

（6）设置"时间码源"为"生成"，"起始时间码"为"01:00:00:00"以匹配序列，取消勾选"场符号"复选框，如图 6-31 所示。除此之外，还可以对其大小、位置、不透明度等参数进行调整，这样可以移动"时间码"效果以使其不会遮挡场景中的关键图形或内容。

（7）可以在"效果"面板中搜索"剪辑名称"效果，选中该效果，如图6-32所示。

图6-31　　　　　　　　　　　　　　　图6-32

（8）将效果依次在V1轨道上的3个剪辑片段中进行应用。

（9）调整效果属性，确保两种效果不会重叠，如图6-33所示。

图6-33

6.3.2　阴影和高光

"阴影/高光"效果是快速调整剪辑中对比度问题的一种有效方式，它可以使图像中暗部区域的对象提亮，还可以使稍微曝光过度的区域变暗。

下面制作一个使用案例。

（1）启动Premiere Pro CC，打开"ch06→6.3.2"文件夹，将文件夹中的素材导入软件中，新建一个序列，将素材拖曳到序列当中。

（2）可以看到原始素材有逆光问题，后景曝光正常，前景偏暗，如图6-34所示。

（3）在"效果"面板中搜索或者选择"Obsolete→阴影/高光"效果，拖曳效果到时间线上需要添加效果的素材上，可以看到画面整体稍微有一些改善，男子的肤色稍微提亮了一些，如图6-35所示。

（4）选中时间线上的剪辑片段，打开"效果控件"面板，展开效果参数，可以看到在默认情况下，"自动数量"复选框是勾选的，该选项会禁用下面许多参数控制，所以要取消勾选，进行手动调整，如图 6-36 所示，此时画面整体提亮，如图 6-37 所示。

图 6-34

图 6-35

图 6-36

图 6-37

（5）展开"更多选项"参数，得到更完善的效果调整选项，尝试调整以下属性，如图 6-38 所示。

阴影数量：该参数用来控制暗部区域变亮的程度。

高光数量：该参数用来控制高光区域变暗的程度。

阴影色调宽度：使用数值来定义高光和暗部的范围，数值较高时会扩展可调范围，而数值较低时会限制可调范围，该参数有助于隔离想要调整的区域。

阴影半径和高光半径：调整半径参数以混合所选像素和未选像素，可以创建平滑的效果混合。

应避免使用太高的值，否则会出现不需要的发光效果。

图 6-38

颜色校正：调整曝光时，图像中的颜色会褪色，使用该参数可以恢复素材调整区域的自然外观。

中间调对比度：使用该参数可为中间调区域添加更多对比。如果需要图像的中间部分更好地匹配调整的阴影和高光区域，那么该参数将非常有用。

（6）根据所学内容，对该片段进行调整，使其自然和谐。

6.3.3　镜头畸变去除

当下单反相机和航拍器材越来越流行，其尽管可以节省成本，提高产出，但是常见的广角镜头常会引入许多不想要的畸变，如图 6-39 所示。

图 6-39

在此，关于镜头畸变的形成原因不过多叙述。

在 Premiere Pro 中有许多内置预设效果用来校正流行相机所产生的畸变，在"效果"面板中可以找到这些预设效果，位置在"预设→去除镜头扭曲"文件夹中，其中有关于大疆（DJI）和 GoPro 产品的几种预设效果，如图 6-40 所示，如果没有想要的效果，则可以自定义效果。

图 6-40

6.3.4 图像稳定

慕课视频

变形稳定器解决画面抖动问题

"变形稳定器"效果可以删除摄像机移动造成的抖动，这个效果非常实用。

下面将制作一个该效果的应用案例。

（1）启动 Premiere Pro CC，打开"ch06 → 6.3.4"文件夹，将文件夹中的素材导入软件中，新建一个序列，将素材拖曳到序列当中。

（2）播放序列，可以看到这个镜头是一个航拍镜头，由于风力作用，画面极不稳定，有左摇右晃的感觉，需要改善画面效果。

（3）打开"效果"面板，选中"视频效果→扭曲→变形稳定器"效果，如图 6-41 所示，将效果拖曳到素材上。

（4）计算机即对镜头中的像素进行计算、分析，如图 6-42 所示。

图 6-41　　　　　　　　　　　　　　　　　图 6-42

（5）稍等片刻，分析结束后，打开"效果控件"面板，找到并展开该效果参数，调整适合镜头的参数来改善画面效果，如图 6-43 所示，下面将对参数进行详细介绍。

结果：可以选择"平滑运动"保持常规摄像机的移动，或者选择"不运动"来尝试消除摄像机中的所有运动，本练习默认为"平滑运动"。

平滑度：当选择"平滑运动"选项时，该选项被点亮。该选项用来设置保持摄像机原始运动的程度，数值越高，镜头越平稳。

图 6-43

方法：有 4 种方法可供使用。功能最强大的两种方法是"透视"和"子空间变形"，因为它们会严重地扭曲和处理图像。如果以上两种方法没有效果，则可以尝试使用"位置、缩放、旋转"方法或仅仅是"位置"方法（本案例选择使用"位置、缩放、旋转"方法）。

（6）调整参数，直到稳定效果满意为止。

6.4 颜色校正

对素材进行剪辑只是视频剪辑的第一步，下面将对颜色进行处理。

慕课视频　　　　慕课视频

颜色校正（其他调色工具）　颜色校正（RGB 曲线）

6.4.1 颜色工作区

在 Premiere Pro 最上端可以切换到颜色界面，如图 6-44 所示，该界面显示"Lumetri Color"面板（提供了许多颜色调整控件）。将"Lumetri 范围"面板放置在源监视器后面。"Lumetri 范围"面板是一组图像分析工具，通常称之为示波器。

剩余的界面区域用于节目监视器、时间线和项目窗口。时间线窗口会进行收缩，以适应"Lumetri Color"面板，如图 6-44 所示。

图 6-44

默认情况下，当时间线上的"时间码播放指示器"在剪辑上移动时，将自动选中这些剪辑。轨道上的剪辑只有具有轨道选择按钮时，才会被选中，如图6-45所示。这个特性非常重要，因为使用"Lumetri Color"面板所做的调整将应用到被选中的剪辑中。可以应用一个调整，然后在时间线上移动"时间码播放指示器"，选择下一个剪辑，然后进行处理。

图6-45

勾选菜单栏中的"序列→选择跟随播放指示器"复选框，可以启用或禁用自动剪辑选择，如图6-46所示。

图6-46

慕课视频
颜色校正
（Lumetri
Color）1

慕课视频
颜色校正
（Lumetri
Color）2

6.4.2 "Lumetri Color"面板

"Lumetri Color"面板被划分为6个功能区，按照从上而下的排列方式提供了越来越高级的工具，如图6-47所示。

1. 基本校正

"基本校正"功能区提供了为剪辑快速应用修复功能所需的简单效果，如图6-48所示。

图6-47 图6-48

可以采用"输入LUT"文件形式，单击右侧调出如图6-49所示的下拉列表，为剪辑应用一个预设调整，可以对看起来很单调的媒体应用进行预设调整。

2. 创意

顾名思义，"创意"功能让用户可以对剪辑视频进行更深一步的艺术加工、处理，该区域包含了许多创意外观，可以针对当前的剪辑进行浏览。在此区域可以对颜色强度进行细微调整，还配置了色轮来调整图像中的阴影像素或高光像素的颜色，如图6-50所示。

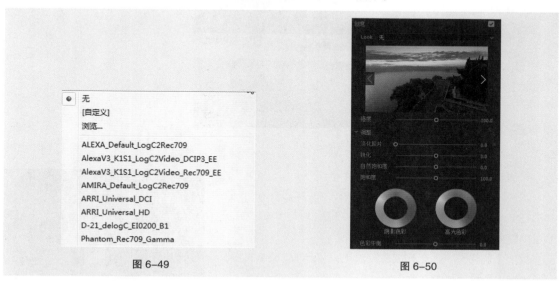

图6-49 图6-50

3. 曲线

"曲线"功能可以对剪辑进行快速且精准的调整，而且只需几次点击，就可以很容易地实现更为自然的效果，如图6-51所示。

该区域有许多更高级的功能，可以用于对亮度、R\G\B像素进行细微调整。

"色相饱和度曲线"功能可以基于色相范围精确控制颜色的饱和度。

打开"ch06 → 6.4.2"文件夹，其中有一个夕阳镜头，可以通过曲线工具使阴影和高光部分区别更加明显，还可以通过控制"色相饱和度曲线"，使镜头中的红色元素饱和度更高，其他颜色略低，以突出夕阳下的景色，如图 6-52 和图 6-53 所示。

图 6-51　　　　　　　　　　　　　　图 6-52

图 6-53

4. 色轮

"色轮"功能可以对图像中的阴影、中间色调和高光像素进行精准控制。将控制球从色轮的中间位置向边缘拖曳，就可以应用一个调整。

每一个色轮都有一个亮度控制滑块，用于简单调整亮度，可通过拖曳滑块来调整像素的对比度，如图 6-54 所示。

5. HSL 辅助

"HSL 辅助"具有二级调色功能，是对一个图像中的特定区域所做的颜色调整，这个特定区域是色相、饱和度和亮度范围所限定的区域，如图 6-55 所示。

图 6-54

使用该功能可以使蓝天更蓝，或者使草地更绿等，而且不影响图像中的其他像素区域。

6. 晕影

"晕影"功能会对图像加晕影，如图 6-56 所示。

晕影最初是由相机镜头边框的较暗边缘引起的，但是现在的镜头很少再有这种问题。相反，"晕影"功能通常用来在图像的中心位置创建焦点，即使所做的调整很细微，效果也会突显出来。

图 6-55　　　　　　　　　　　　　　　　　图 6-56

6.4.3　"Lumetri 范围"面板

"Lumetri 范围"面板中显示了多个工业标准的仪表，从而提供了一个有关媒体的客观视图。

初始情况下，全部显示的组件以及较小的图形会让人有不适感。可以单击面板右下角的"设置"按钮，在弹出的菜单中勾选个别选项前的复选框以将其关闭或打开，如图 6-57 所示。

图 6-57

也可以指定是在 ITU Rec.2020（UHD）、ITU Rec.709（HD），还是在 ITU Rec.601（SD）颜色空间中进行处理。如果正在制作用于广播电视的内容，则肯定会使用到这些标准中的一个。如果不是，或者不确定，则可能会使用 ITU Rec.709（HD）色彩空间，如图 6-58 所示，这需要与摄制部门沟通，从而选取符合制作标准的色彩空间。

通过面板右下角处下拉列表可以选择显示为"8 位""浮点型"（32 位的浮点数颜色）或"HDR"（高动态范围），如图 6-59 所示。"HDR"选项可以使图像在最暗和最亮部分之间的范围更大。HDR 超出了本书的讲解范围，但它是一种重要的新技术，而且随着新的摄像机和显示器为其提供支持，会越来越重要。

图 6-58　　　　　　　　　　　　　　　　　　图 6-59

1．波形示波器

打开"ch06 → 6.4.3"文件夹，将文件夹中的素材导入软件中，新建一个序列，将素材拖曳到序列当中。切换到颜色界面，打开"Lumetri 范围"面板，单击面板左下角的"设定"按键 ，或者在面板区域单击鼠标右键，在弹出的快捷菜单中将其他示波器前的复选框取消勾选，只保留"波形（RGB）"复选框的勾选，如图 6-60 所示。

图 6-60

如果不熟悉的话，波形看起来可能有些奇怪，但它们其实很简单。它们显示了图像的亮度和颜色的饱和度。

当前帧中的每一个像素都显示在示波器中，如图6-61所示。椭圆形区域内三种颜色像素很亮，代表着图像中不规则的红框区域，区域内像素亮度很低，在波形示波器中集中显示在一起，很多像素点堆积起来，亮度就会比较亮。

示波器中是有刻度的，"0"位于刻度底端，表示没有亮度；"100"位于刻度顶端，表示像素全亮，在RGB刻度上，这个值是255，0～255正好是256（2^8）级色彩。

波形示波器上会反馈画面中的重要信息，如图6-62所示，面部显色信息反馈到示波器上。可以发现，示波器中绿色和蓝色的亮度信息要高于红色亮度信息，所以该图像存在严重偏色，需要进行校正。

图6-61   图6-62

2. 矢量示波器 YUV

矢量示波器YUV显示的是极坐标矢量图形，矢量的幅度代表色度信号的幅度，即色饱和度；相角代表色度信号的相位，即色调。将色度信号中的B-Y分量添加到示波器的水平偏转轴上，将色度信号中的R-Y分量添加到示波器的垂直偏转轴上，便在显示屏上显示出色度信号的极坐标图（矢量图）。

通常，使用规定的彩条信号作为矢量示波器的标准监测信号，如图6-63所示。各矢量顶点分别代表YI（黄）、Cy（青）、G（绿）、Mg（品红）、R（红）、B（蓝）6种标准颜色信号的幅度。

启动Premiere Pro CC，新建一个序列，单击"新建项"按钮，在弹出的菜单中选择"HD彩条"选项，如图6-64所示，在项目窗口中，将新建的彩条拖曳到时间线上，切换到颜色界面并打开"Lumetri范围"面板，单击面板左下角的"设定"按钮，或者在面板区域中单击鼠标右键，在弹出的快捷菜单中将其他示波器前的复选框勾选取消，只保留"矢量示波器YUV"复选框的勾选。

图 6-63

序列...
脱机文件...
调整图层...
标题...
彩条...
黑场视频...
字幕...
颜色遮罩...
HD 彩条...
通用倒计时片头...
透明视频...

图 6-64

当 HD 彩条出现在画面中时，矢量示波器也随即产生变化，如图 6-65 所示，图中左侧蓝色箭头所指向的黄色代表的是饱和度最高值为 75% 的黄色，对应在图中右侧蓝色箭头所指向的位置，为播出安全值；左侧红色箭头所指向的黄色代表的是饱和度为 100% 的黄色，对应在图中右侧红色箭头所指向位置，代表着超出正常安全值。

图 6-65

矢量示波器是检测视频播出颜色标准的一个重要依据，同时也可以直观地查看图像的色彩分布，是调色时非常重要的一个工具。

3. RGB 分量示波器

RGB 分量的波形更像是在波形示波器中，红、绿、蓝 3 种色阶的分别显示。为了容纳 3 种颜色，每张图像会被水平挤压成显示宽度的 1/3。

打开 "ch06 → 6.4.3" 文件夹，将文件夹中的素材导入软件中，新建一个序列，将素材拖曳到序列当中。切换到颜色界面，打开 "Lumetri 范围" 面板，单击面板左下角的 "设定" 按钮，或者在面板区域单击鼠标右键，在弹出的快捷菜单中将其他示波器前的复选框勾选取消，只保留 "分量（RGB）" 复选框的勾选，得到的图像和示波器反馈的信息，如图 6-66 所示。

通过示波器可以看到面部区域蓝色通道的高光亮度数值最高，绿色次之，红色最低，所以图像色彩有严重偏差，需要校正。

图 6-66

6.4.4　课堂案例——颜色校正

（1）启动 Premiere Pro CC，打开"ch06→6.4.4"文件夹，将文件夹中的素材导入软件中，新建一个序列，将素材拖曳到序列当中。

（2）此案例提供了 3 个素材，3 个素材都有相同的偏色问题，以素材"1"为例。

（3）对于偏色问题，使用波形示波器或者 RGB 分量示波器都可以解决，在此选择使用 RGB 分量示波器，更为直观。

扫码观看案例操作 扫码观看案例成片

（4）切换到颜色界面，打开"Lumetri 范围"面板，单击面板左下角的"设定"按钮，或者在面板区域单击鼠标右键，在弹出的快捷菜单中将其他示波器前的复选框的勾选取消，保留"分量（RGB）"复选框的勾选，得到的图像和示波器反馈的信息，如图 6-67 所示。

图 6-67

（5）图像中从光的方向来看应该是傍晚，在傍晚中，光线应该是橘黄色。在示波器中可以看到，绿色和蓝色的亮度信息最高，符合要求。接下来对画面进行光的重新匹配，并且修复偏色问题。

（6）在这里可以使用"色轮"工具和"曲线"工具，两种工具都可以实现想要的结果，本课中使用较为直观的"色轮"工具。打开"Lumetri Color"面板，找到并展开"色轮"功能区，向下拖曳阴影色轮的亮度滑块，将波形的底部调整到接近 0 刻度为止，如图 6-68 所示。

（7）通过光的加色原理可以知道，等量的红、绿、蓝 3 种颜色可以得到白、灰、黑 3 种色彩，阴影部分最底下的刻度是纯黑的，且 3 种颜色的亮度信息在 RGB 分量示波器上显示不同步，需要对阴影区域进行校正。将鼠标移动到"阴影"色轮中央区域，会出现一个"+"符号，如图 6-69 所示，按住鼠标左键将颜色往红色方向推动，让阴影部分的 3 种分量的波形齐平，拖曳亮度滑块降低亮度，使 3 种分量同时接近 0 刻度的位置，如图 6-70 所示。

图 6-68

图 6-69

图 6-70

（8）接下来对高光区域进行调整。采用同样的方法将"高光"色轮向红色方向推动，使红色分量在示波器中慢慢高过其他两个分量，如图 6-71 所示。

图 6-71

（9）此时可以看到画面有很大的改善，但是中间调的色彩区域色调还是偏冷，可以往暖色调方向调一下。将"中间调"色轮向红色方向推动，此时画面有了很大的改善，但似乎整个画面的亮度不够，将"中间调"色轮的亮度滑块向上滑动，最终得到的画面就非常理想了，如图6-72所示。

图6-72

（10）根据本节所学原理，把另外两个案例作为课堂作业进行实习演练。

6.5 课堂案例——风格化调色

关于色彩的风格化，没有具体标准。一般情况下，一部影片的风格是统一的，影片的色彩根据影片的风格不同而不同。例如，恐怖电影是偏蓝、偏绿的，整体中间调压得很低，有一种阴郁的感觉；怀旧片呈现的是一种褪色的感觉；沙漠电影是一种黄黄的感觉；好莱坞大片一般都是O&T风格（橘黄和蓝色）等。要想调出好看的色彩，除了坚持练习软件操作技术以外，还要学习色彩相关的美术知识。

下面将进行一个常见的双色调风格化的调色讲解，这种色彩常常用于影片回忆部分，又称之为回忆色。

扫码观看　　扫码观看
案例操作　　案例成片

（1）打开"ch06 → 6.5.1"文件夹，将文件夹中的素材导入软件中，新建一个序列，将素材拖曳到序列当中并切换到颜色界面。

（2）在"效果"面板，选中"Lumetri预设→单色→黑白淡化胶片100"效果（或者在搜索框内进行搜索找到效果），将效果拖曳到素材上，此时素材的色彩变成黑白图像，如图6-73所示。

图6-73

（3）接下来对黑白图像进行统一着色。根据光的加色原理可以得知，要想调出怀旧的、黄黄的色彩，需要通过增加红色和绿色才能做到。打开"Lumetri Color"面板，找到并展开曲线功能区，选中曲线上方的红色圆圈，此时可以对红色通道进行控制，单击曲线，在曲线的中部添加一个点，将其向上拖曳，提高红色亮度；然后选中曲线上方的绿色圆圈，按红色通道控制同样原理操作，直到调出想要的颜色，如图6-74所示。

图6-74

（4）在时间线窗口中，将做好的效果拖曳到V2轨道上，同时在项目窗口中重新将素材拖曳到V1轨道上，并将"黑白淡化胶片100"效果拖曳到V1轨道的素材上，如图6-75所示。

图6-75

（5）选中V2轨道上的剪辑，打开"效果控件"面板，找到并展开"不透明度"效果，设置"混合模式"为"柔光"，如图6-76所示。

（6）通过调整"不透明度"参数来实现增强或减弱对V2轨道色彩的影响，如图6-77所示。

（7）灵活运用各种效果与"Lumetri Color"面板，尝试将素材调出不同的风格。

图 6-76

图 6-77

6.6 课后习题——制作 "蝴蝶飞舞" 视频

【习题知识要点】通过对本章内容的学习，利用有关特效工具，完成一段蝴蝶飞舞的视频特效。

要求：利用文件夹 "6.6" 中的素材新建一个项目，通过各种特效工具运用，完成视频的抠像、调色及合成操作，最终输出 MP4 格式的成片。

扫码观看
案例操作 1

扫码观看
案例操作 2

扫码观看
案例成片

第 7 章

音频处理

07

▶ **本章导读**

　　"没有声音，再好的戏也出不来。"声音是影视作品中不可或缺的一部分，音频处理涉及音响和音效的处理。不论是人声的对白、旁白、独白，还是环境音、特效音，都对影片主题表达起着重要的作用。本章学习在 Premiere Pro 中对素材进行声音处理的方法和技巧。

知识目标

● 了解音频控制面板的选项设置。

● 掌握与音频相关的专有名词及相关设置。

● 学会添加音频特效。

● 掌握音频转场的方法。

技能目标

● 掌握为音频剪辑添加关键帧的方法。

● 掌握美化音频的相关技能。

7.1 音频轨道

在 Premiere Pro 中，音频轨道是存放和编辑音频的主要场所，用户可以添加和编辑音频，向其添加各种效果，并在一个序列中通过音频轨道来混合添加的声音和音效。音频轨道可以设置成立体声、单声道或 5.1 环绕声道。此外，可以设置标准声道和自适应轨道。针对不同的项目，用户可以在开始工作时设置音频轨道的数目和属性，也可以在编辑过程中，根据实际需要，设置音频轨道的一些属性来满足要求。

7.1.1 音频控制面板

在 Premiere Pro 中，音频控制面板包含音轨混合器和音频剪辑混合器。

如图 7–1 所示，音轨混合器中会显示时间线上每一条音频轨道和主声道的电平指示器，用户可以在此完成混合音频轨道、调整各声道音量平衡及录制声音等工作。音轨混合器不仅可以对任意一条音频轨道电平进行调节，还可以对主声道电平进行调节，并可以对音频轨道整体的左右均衡进行调节。

1. 平移 / 平衡控制 2. 自动模式 3. 静音轨道 / 独奏轨道 / 启用轨道以进行录制按钮 4. 音量表和衰减器
5. 轨道名称 6. 剪切指示器 7. 主音量表和衰减器 8. 转到入点 9. 转到出点 10. 播放 / 停止切换
11. 从入点播放到出点 12. 循环 13. 录制

图 7–1

上述所有操作都可以在预览视频的同时进行，用户可以实时为音频轨道添加关键帧。

在音轨混合器中，用户可以为音频轨道添加各种特效，并且可以创建音频子混合，组合多个音频轨道的输出，如图 7–2 所示。

1. 显示 / 隐藏效果和发送 2. 效果 3. 发送 4. 轨道输出分配 5. 自动模式

图 7-2

　　音频剪辑混合器的工作界面和工作方式跟音轨混合器相似，不同的是，音频剪辑混合器是在剪辑上进行调节，无法调整主声道的音量，也不会影响轨道的参数，如图 7-3 所示。

图 7-3

7.1.2 定义主轨道输出

在 Premiere Pro 中，主轨道指的是音频的主设置，是时间线上所有音频输出的合集。在创建序列时，可以对序列的音频属性进行初步设置，设置主音轨的模式、音轨的数量以及音轨的类别。

选择菜单栏中的"文件→新建→序列"选项，弹出"新建序列"对话框，在"轨道"选项卡中可以对序列中视频轨道的属性进行设置，这里可以选择的主设置有立体声、5.1 声道、多声道和单声道，如图所示 7-4 所示。

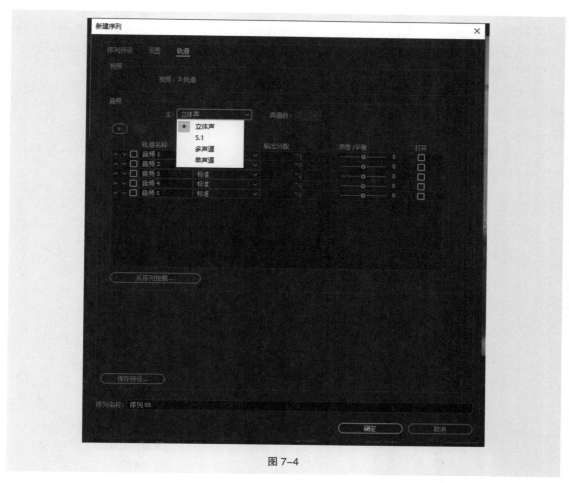

图 7-4

可以设置的音频轨道类型有以下几种。

标准：标准音轨替代了旧版本的立体声音轨类型。它可以同时容纳单声道和立体声音频剪辑。

单声道：包含一条音频声道。如果立体声剪辑添加到单声道轨道，立体声剪辑声道将由立体声轨道汇总为单声道。

自适应：自适应轨道可以包含单声道、立体声和自适应剪辑。对于自适应音轨，可通过对工作流程效果最佳的方式将源音频映射至输出音频声道。在处理可录制多个音轨的摄像机录制的音频时，这种音轨类型将非常有用。处理合并后的剪辑或多机位序列时，也可以使用自适应音轨。

5.1：包含 3 条前置音频声道（左声道、中置声道、右声道）、两条后置或环绕音频声道（左声道和右声道）、通向低音炮扬声器的低频效果（LFE）音频声道等 6 个声道。5.1 音轨只能包含 5.1

剪辑。

子混合：子混合轨道输出轨道的合并信号，或发送向它传送的信号。子混合音轨可用于管理混音和效果。

在 Premiere Pro 的时间线上完成上述设置，在剪辑工作开始后，音频主设置将无法改变。用户可以新建一条新的序列，重新设置主设置，并将原来系列中的视频和音频剪辑复制到新序列中。

7.1.3 音量指示器

在 Premiere Pro 中，音量指示器又称"音频仪表"，主要用来显示时间线上所有音轨混合而成的主声道的音量大小，当主声道音量超出安全范围时，在柱状的 LED 仪表顶端会显示红色警告，用户可以及时调整音频音量，避免损伤音频设备，如图 7-5 所示。

要查看音频仪表，可以通过选择菜单栏中的"窗口→音频仪表"选项来实现，同时可以拖曳音频仪表左边缘调整面板的宽度。

如图 7-6 所示，在音频仪表中单击鼠标右键，在弹出的快捷菜单中可以进行以下选择。

（1）以静态峰值或动态峰值的形式查看峰值。对于动态峰值，峰值指示器的更新间隔为 3 秒；对于静态峰值，峰值指示器将显示响度最大的峰值，直到指示器重置或者回放重启为止。

（2）在低振幅点查看谷值指示器。

（3）查看 LED 仪表（仪表以颜色段显示）。

（4）监听不同的声道（取决于音频主设置）。

（5）从可用选项设置音量范围。

1. LED 仪表（仪表面板中的渐变）2. 独奏声道
3. 剪切指示器 4. 峰值指示器 5. 谷值指示器

图 7-5

图 7-6

7.1.4 显示音频波形

波形反映的是音频的振幅变化，波形越宽，表示音频音量越大。在 Premiere Pro 中，显示音频波形的方法有两种。第一种是通过单击时间线窗口中的"时间线显示设置"按钮，在弹出的菜单中选择"显示音频波形"选项，在时间线上显示音频波形，如图 7-7 所示。注意，在时间线上显示波形时，需要先将相应的音频轨道调整到合适的宽度（可以通过双击轨道前段，或者按住鼠标左键上下拖曳来实现）。

图 7-7

第二种显示音频波形的方法是在项目窗口或时间线窗口中，找到所需素材并双击，在源监视器中显示音频波形，如图 7-8 所示。在这里，用户可以实时查看和监听整条源音频的波形，并且可以通过添加出点和入点的方式选中其中一部分，将其添加到时间线上。

图 7-8

在这里，如果遇到一条同时包含音频和视频的素材，可以单击源监视器下方的"设置"按钮，在弹出的菜单中选择"音频波形"选项，如图 7-9 所示，或者直接单击源监视器下方的"仅拖动音频"按钮。

图 7-9

在时间线窗口中看到的音频波形与源监视器上看到的有所不同，这是因为时间线上显示的是软件自动调整过的波形。如果想要显示原始波形，可以打开时间线窗口中的"序列"面板，取消勾选"调整的音频波形"复选框，如图 7-10 所示。

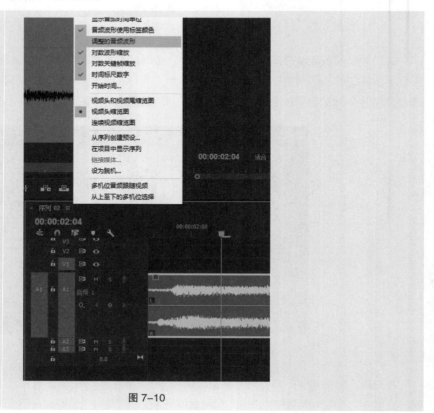

图 7-10

7.1.5 音频轨道调整

在 Premiere Pro 中，可以对音频轨道进行以下调整。

（1）添加或删除单条音频轨道。可以通过选中音频轨道前端并单击鼠标右键，在弹出的快捷菜单中选择"添加单个轨道""添加音频子混合轨道"或"删除单个轨道"选项来实现，如图 7-11 所示。新添加的轨道和选中的轨道属性相同。

图 7-11

（2）添加或删除多条轨道。当遇到复杂的音频剪辑时，通常需要批量添加轨道。选中轨道前端，单击鼠标右键，在弹出的快捷菜单中选择"添加轨道"选项，在弹出的"添加轨道"对话框中对添加的轨道数量、位置和类型进行设置，如图 7-12 所示。

相应的，也可以选择"删除轨道"选项，自由选择删除某一条轨道，还可以选择删除全部空轨道，即先勾选"删除音频轨道"复选框，选择需要删除的轨道后，单击"确定"按钮，如图 7-13 所示。

图 7-12

图 7-13

7.2 音频音量

在视频编辑中，音频的音量对于整体氛围的营造有着重要作用。音频的音量过大，可能会过爆，影响影片的整体播放效果，甚至会损坏播放设备。音频音量过小，可能会降低传播效果，在不同的设备上播放时，会出现只看到画面听不到声音的状况。

在前期拍摄时，由于环境或者录音设备的制约，所收录的音频音量有时会达不到项目的要求，或者剪辑中用到各种各样的素材，包括环境音效、背景音乐、人物独白等，其音频音量需要根据要求去调整。这时候就需要在后期编辑时调整，让所有音频尽量统一，并营造出一定的层次感。

本节将带大家学习调整单个剪辑和整体剪辑音频音量和增益的方法，以及通过添加关键帧调整音频音量和增益变化的方法。

7.2.1 音量调整

"音量"指的是序列剪辑或轨道中的输出电平或音量。音量的调整是在原始素材音量的基础上进行的，所以不会破坏剪辑的播放效果。

在 Premiere Pro 中，调节剪辑音量的方法有以下 3 种。

（1）在时间线窗口中通过调整"关键帧控制线"调节剪辑音量。选中音频并在音频上单击鼠标右键，在弹出的快捷菜单中选择"显示剪辑关键帧→音量→级别"选项，音频显示关键帧控制线。

选中关键帧控制线，上、下移动线条，即可以整体改变一段音频剪辑的音量大小，如图 7-14 所示。

图 7-14

（2）在"效果控件"面板中调整剪辑的音量。在"效果控件"面板中，使用与设置其他效果相同的方法来调整音量。打开"效果控件"面板，选择"音频效果→音量→级别"效果，调整"级别"参数，如图 7-15 所示。

注意： 如果需要调整整段剪辑片段的音量，而不是渐高或者渐低，需要取消"级别"前面的关键帧按钮。

图 7-15

（3）使用前面讲到的音轨混合器或者音频剪辑混合器来调整轨道或者剪辑的音量，这里不再赘述。

7.2.2 音频增益

"增益"指的是剪辑中音频信号的增加程度。跟音量一样，在项目剪辑中经常需要处理声音的声调，特别是在项目中，如果调整各个剪辑片段音量后，还不能使各片段的输出的声音相匹配，就需要平衡几个素材的增益。在 Premiere Pro 中，可以为一个音频剪辑设置整体的增益。尽管音频增益的调整在音量和音频效果调整之后，但它并不会影响这些设置。增益设置对于平衡几个剪辑的增益级别，或者调节一个剪辑的过高或过低的音频信号都有很大帮助。

注意：如果音频素材由于收录时设置不当，造成音频音量过低，过度地提高增益，可能会增大素材的噪声甚至造成失真。所以，要想使输出效果达到最佳，在前期收录时，就须做好收录设备的设置。

在 Premiere Pro 中调整音频增益的方法如下所示。

（1）在时间线窗口中，选中一个音频剪辑或多个音频剪辑，在选中的音频剪辑上单击鼠标右键，在弹出的快捷菜单中选择"音频增益"选项（或者选择菜单栏中的"剪辑→音频选项→音频增益"选项，快捷键为"G"），如图 7-16 所示。

（2）在弹出的"音频增益"对话框中调节所选剪辑的音频增益。

在"调整增益值"文本框中可以输入 -96 ~ 96 的任意数值，如图 7-17 所示。大于 0 的值会放大剪辑的增益，小于 0 的值则削弱剪辑的增益，使其声音更小。

（3）单击"确定"按钮，完成增益的设置。

"音频增益"选项独立于音轨混合器和时间线窗口中的输出电平设置，但其值将与最终混合的轨道电平整合。也可使用"标准化主轨道"选项来调整整个序列的增益，可以选择"序列→标准化主轨道"选项，在弹出的"标准化主轨道"对话框中输入数值，即为主轨道总输出添加一个增益值。

图 7-16

图 7-17

7.2.3 整体调整剪辑的音频音量

整体调整剪辑的音频音量可以很大程度上节省调整音量的时间成本，用户可以选中所有音频剪辑，通过按"［"键来调低所有音频剪辑的音量，按"］"键来调高所选剪辑的音频音量，按"Shift+［"组合键可以整体调低剪辑的音频音量 6dB，按"Shift+］"组合键可以整体调高剪辑的音频音量6dB。用户还可以通过音轨混合器直接调整"主声道"的音量，这样可以直接调整序列输出时的音量。

7.2.4 对音量添加关键帧

对音量添加关键帧，可以控制剪辑音量的变化，帮助用户营造不同的音频效果。添加音频音量关键帧的方法有以下几种。

1. 使用工具栏中的钢笔工具添加音频音量关键帧

将时间线上想要添加关键帧的剪辑片段所在的音频轨道调至显示音频波形的合适宽度，选择工具栏中的钢笔工具（快捷键为"P"），鼠标指针变成钢笔的形状。在想要添加关键帧的地方单击"关键帧控制线"按钮，即可添加关键帧，如图7-18所示。

图7-18

2. 使用"选择工具"和快捷键添加音频音量关键帧

将时间线上想要添加关键帧的剪辑片段所在的音频轨道调至显示音频波形的合适宽度，选择工具栏中的选择工具（快捷键为"V"）。鼠标指针移动到在想要添加关键帧位置的"关键帧控制线"上，按住键盘上的"Ctrl"键，鼠标指针变成带有"+"号的白色指针，单击"关键帧控制线"按钮，即可添加关键帧，如图7-19所示。

图7-19

3. 通过轨道添加音频音量关键帧

将时间线上想要添加关键帧的剪辑片段所在的音频轨道调至显示音频波形的合适宽度，将"时间线播放指示器"移动到想要添加关键帧的位置，单击音频剪辑所在轨道前段的"添加 – 移除关键帧"
按钮，添加关键帧，如图 7-20 所示。

图 7-20

4．通过"效果控件"面板添加音频音量关键帧

将时间线上想要添加关键帧的剪辑片段所在的音频轨道调至显示音频波形的合适宽度。将"时
间轴播放指示器"移动到想要添加关键帧的位置。打开"效果控件"面板，展开"音频效果→音量"
效果参数。单击"级别"参数前面的"切换动画"按钮（秒表形状），自动添加一个关键帧，也可
以单击后面的"添加 / 移除关键帧"按钮，添加或者移除关键帧，如图 7-21 所示。

图 7-21

Premiere Pro CC **数字影视剪辑**（全彩慕课版）

5. 通过音频剪辑混合器添加关键帧

音频剪辑混合器可以在预览音频剪辑的同时，实时地为音频剪辑添加关键帧，具体方法如下所示。

将时间线上想要添加关键帧的剪辑片段所在的音频轨道调至显示音频波形的合适宽度。打开音频剪辑混合器，单击"写关键帧"按钮，如图7-22所示。

图7-22

在时间线窗口中，按"Space"键，播放要添加关键帧的素材，软件会自动添加关键帧，如图7-23所示。

图7-23

7.3 音频特效的应用

音频特效的用处非常广泛，可以消除环境噪声，可以改变音色和音阶，可以制造回声、添加混响等。Premiere Pro内置了一些音频特效，用户可以选择合适的效果添加到音频上，并且可以为这些效果设置关键帧。

用户可以从"效果"面板中找到"音频效果"列表，将选择的合适效果拖动到合适的音频剪辑上，如图7-24所示。

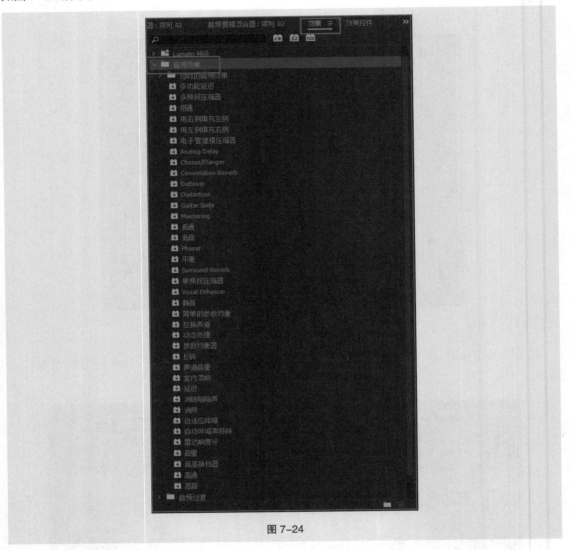

图7-24

7.3.1 使用音频特效美化声音

实际项目中遇到的音频素材，有时会有各种瑕疵，此时就需要应用音频特效来消除瑕疵，让人声或者音乐达到一个完美的播放效果。

在Premiere Pro中美化声音时，常用到以下几类效果。

1. 调整低音

音频剪辑中，低音是一个很重要的部分，通过调整低音，不仅可以调整人声剪辑，使音频效果更加浑厚，还可以调整背景音乐，使整体效果更有层次感。

调整低音可以用到以下几个效果。

（1）"低音"效果。"低音"效果是最基础的调整低音的音频特效，通过提升音频剪辑的低声部，可以突出音频的低音效果，如图 7-25 所示。

图 7-25

为音频剪辑添加"低音"效果后，打开"效果控件"面板，调整"低音"效果下的"提升"参数，预览剪辑会发现低音效果明显加重。注意，过多的低音会产生杂音，影响播放效果。

（2）"延迟"效果。"延迟"效果是一种音频的风格化特效，使用该效果，可以构建出具有回声的空间感，对于音频效果的提升有很大帮助。

为音频剪辑添加"延迟"效果后，按"Space"键，播放音频剪辑，并在"效果控件"面板中对该效果的几个参数进行调整，直到效果满意为止。

其中，"延迟"选项用来调整原剪辑与构建的回声效果之间间隔的时间；"反馈"选项用来调整往回添加到延迟（以创建多个衰减回声）的延迟信号百分比；"混合"选项用来调整控制回声的量，如图 7-26 所示。

图 7-26

2．调整音高

音高是指音频音调的高低，最常用于调整人声，做一些人声的变音效果，如高调、低沉、娃娃音等。现在网上流行的变声器工具的基本原理就是调整音频的音高。

调节音频剪辑的音高，需要用到"音高换挡器"效果。打开"效果"面板，选中"音频效果→音高换挡器"效果，将其添加到音频剪辑上，按"Space"键，播放音频剪辑。打开"效果控件"面板，调整"音频效果→音高换挡器"效果的"变调比率"参数，如图 7-27 所示。

图 7-27

如果不能达到想要的效果，还可以单击"自定义设置"后面的"编辑"按钮，在弹出的对话框中进行自定义设置，直至效果满意为止，如图 7-28 所示。

图 7-28

在"自定义设置"选项中，Premiere Pro 为用户内置了几个预设效果供用户快速调用，如图 7-29 所示。

图 7-29

3. 调整高音

可以使用"高音"效果调整音频剪辑的高频部分，使音频剪辑达到高亢、嘹亮的效果。打开"效果"面板，选中"高音"效果，将其添加到需要添加的音频剪辑上。按"Space"键，播放音频剪辑。打开"效果控件"面板，调整"音频效果→高音"效果中的"提升"参数，直至调整到合适的效果，如图 7-30 所示。

图 7-30

4. 调整混响

混响效果和"延迟"效果类似，都是营造音频剪辑的空间感，混响效果通过模拟室内音频播放的声音，为音频剪辑添加气氛和温馨感。

为音频剪辑添加混响效果，可以打开"效果"面板，选中"音频效果→室内混响"效果，将其添加到需要混响的音频剪辑上，按"Space"键，播放音频剪辑。打开"效果控件"面板，调整"音频效果→室内混响"效果的"各个参数"中各项的数值，如图 7-31 所示。

如果不能达到想要的效果，还可以单击"自定义设置"后面的"编辑"按钮，进行自定义设置，选择合适的预设，或者调整各项参数，直至效果满意为止，如图 7-32 所示。

图 7-31

图 7-32

left margin text:

Premiere Pro CC 数字影视剪辑（全彩慕课版）

7.3.2　调整 EQ

EQ（均衡器）被用来增加或减少特定中心频率附近的音频频率，简单来说，就是将一段音频的频率从低到高，分别在频谱坐标中去做细致调整。在 Premiere Pro 的音频效果中，可以通过"参数均衡器"效果来调整 EQ 的效果。

"参数均衡器"效果将音频频率分成 7 个频段（包括上限、下限以及中区 5 个频段）来分别调节，如图 7-33 所示，可以通过调整"各个参数"下的参数来调节。

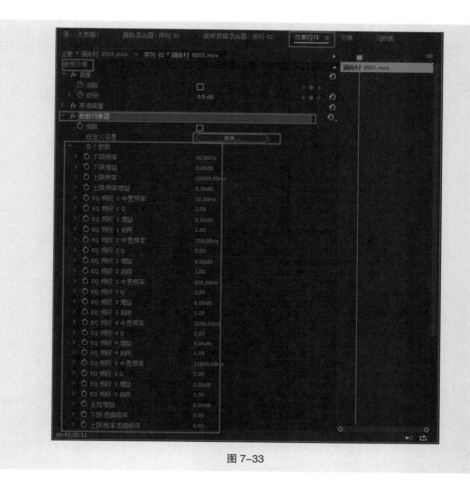

图 7-33

也可以单击"自定义设置"后面的"编辑"按钮,进入参数均衡器设置界面,对参数做细致调整,如图 7-34 所示。

图 7-34

在参数均衡器的设置界面中，主图是一个坐标轴，常用到以下几个参数。

预设：和"音高换档器"一样，参数均衡器也内置了一些预设效果，用户可以直接使用预设来快速调整 EQ 效果，如图 7-35 所示。

图 7-35

主控增益：给主通道添加增益。

频谱坐标：调整 EQ 的可视化窗口，调整的各项参数数值会直观地显示在频谱坐标面板中。横轴为人耳可识别的音频频率范围，从 20 ~ 20000Hz；纵轴为音频增益量，显示范围可以通过下方的"范围"选项来设置。用户可以直接调整中间的蓝线（频率线）来实时调整音频的 EQ 效果，如图 7-36 所示。

图 7-36

常量：常量可以用 Q 值或者宽度来调节，主要用来限定音频频率的输出范围，在调整某一频段的增益后，再调整该频段的常量，可以控制此频段影响的范围。

HP/LP：高通滤波器 / 低通滤波器。用户可以通过单击这两个按钮来快速添加和调整所选音频频片段的高通滤波 / 低通滤波。

7.3.3 录制音频

Premiere Pro 支持用户实时录制音频到时间线上。可以通过时间线窗口中的"画外音录制"工具或者使用音轨混合器将声音实时录制到所选音频轨道，并进行编辑，具体操作步骤如下所示。

1. 通过时间线窗口中的"画外音录制"按钮录制音频

（1）设置默认音频设备。选择菜单栏中的"编辑→首选项→音频硬件"（Windows）或"Premiere Pro →首选项→音频硬件"（mac OS）选项，在弹出的"首选项"对话框中选择输出设备，单击"确定"按钮，如图 7-37 所示。mac OS 还可以设置缓冲区大小。

图 7-37

（2）设置音频轨道。在时间线窗口前段中单击鼠标右键，在弹出的快捷菜单中选择"自定义"选项，为轨道添加"画外音录制"按钮，如图 7-38 所示。

图 7-38

（3）录制音频。在所选音频轨道上单击"画外音录制"按钮，按钮变红。待节目监视器窗口中的倒计时结束后，显示"正在录制"，开始录制需要的内容，如图 7-39 所示。

图 7-39

录制结束后，再次单击"画外音录制"按钮或按"Space"键，结束录制，录制的内容显示在所选的音频轨道上。

2．使用音轨混合器录制音频

（1）设置默认音频设备，方法和方法 1 一样。

（2）设置音轨混合器。通过音轨混合器可以同时为多条音轨录制音频。在音轨混合器上选中想要录制的音频轨道，设置好所选音轨的音量，单击自动模式中的"启动以轨道进行录制"按钮（R 图标），使轨道进入待录状态，如图 7-40 所示。

（3）为轨道录制音频。设置完成后，单击音轨混合器下方的"录制"按钮（红点），使用鼠标或者键盘将"时间线播放指示器"移动到想要录制音频的位置，单击"播放－停止切换"按钮（三角形按钮），显示"正在录制"，开始录制音频，如图 7-41 所示。

录制完成的音频会显示在所设置的一条或几条轨道上。

录制音频前，可以选择菜单栏中的"编辑→首选项→音频"（Windows）或"Premiere Pro →首选项→音频"（mac OS）选项，在弹出的"首选项"对话框中设置时间线录制期间静音输入，关闭其他音轨的声音，以保证录制音频的质量。

图 7-40

图 7-41

7.3.4 消除噪声

在日常项目中，经常会遇到背景有噪声，在 Premiere Pro 中，可以通过为音频剪辑添加"自适应降噪"效果，帮助用户有效地降低音频中的噪声。具体方法如下所示。

打开"效果"面板，选中"音频效果→自适应降噪"效果，拖曳效果到需要降噪的音频剪辑上，按"Space"键，播放音频剪辑。打开"效果控件"面板，调整"音频效果→自适应降噪"效果"各个参数"中各项的数值，如图7-42所示。

146

图 7-42

如果不能达到想要的效果，还可以单击"自定义设置"后面的"编辑"按钮，进行自定义设置，选择合适的预设效果，或者调整各项参数，直到效果满意为止，如图7-43所示。

图 7-43

7.4 课堂案例——制作短片音频剪辑

打开文件夹"7.4"，使用所给素材，进行"短片音频剪辑"项目的练习，具体操作步骤如下所示。

（1）新建一个项目，将其命名为"短片音频剪辑"，新建一个分辨率为 1920 像素 ×1080 像素，25 帧 / 秒，将所需素材导入 Premiere Pro 的项目窗口中。

（2）根据脚本剪辑视频素材。选中父子通话片段中的素材并单击鼠标右键，在弹出的快捷菜单中选择"取消链接"选项，取消片段音频和视频的链接，并将父亲与儿子说话的音频片段分别剪开，如图 7-44 所示。

扫码观看案例操作 1　扫码观看案例操作 2

扫码观看案例操作 3　扫码观看案例成片

图 7-44

（3）为剪辑选取合适的背景音乐。这里是一个父子通话的温情片段，可以选择相对舒缓的背景音乐，并添加到时间线上，调整至合适时长。

（4）调整背景音乐和同期声的效果。为儿子说话的声音添加电话效果，打开"效果"面板，将"音频效果→高通"效果添加到儿子说话的片段中。打开"效果控件"面板，调整"高通"效果的"屏蔽度"参数，直到得到满意效果为止，如图 7-45 所示。

图 7-45

也可以打开"效果"面板，为音频片段添加"音频效果→多频段压缩器"效果。打开"效果控件"面板，展开该效果的属性参数，单击"自定义设置"后的"编辑"按钮，在弹出的自定义对话框中预设为"对讲机"效果，预览效果，并关闭对话框，如图7-46所示。

图7-46

（5）调整音量。预览发现，父亲说话的声音有些低，可以通过音频剪辑混合器调整片段的增益。也可以打开"效果"面板，将"音频效果→参数均衡器"效果添加到所选片段中。打开"效果控件"面板，展开"参数均衡器"效果的属性参数，单击"自定义设置"后的"编辑"按钮，在弹出的设置对话框中预设"人声增强"效果，预览效果，并关闭对话框，如图7-47所示。

（6）根据片段需要，添加合适的音效。这里可以添加，但不仅限于电话按键音、电话等待音、电话挂断音等音效，也可以适当地添加一些环境音，如图7-48所示。

设置完成后，预览时间线，调整剪辑片段中各部分音频的音量，直到声音流畅均衡。

图 7-47

图 7-48

7.5 课后习题——Premiere 与 Audition 的结合

【习题知识要点】通过对本章内容的学习，结合 Premiere 与 Audition 处理项目中的声音文件。

要求：打开 "Ch07>7.5 课后习题 –Premiere 与 Audition 的结合" 文件夹，将用 Premiere 剪辑的音频发送至 Audition 中编辑，并用 Premiere 输出最终效果。

扫码观看
案例操作 1

扫码观看
案例操作 2

第 8 章

字幕设计

▶ ## 本章导读

　　字幕设计主要是指对影视作品进行后期的文字加工。在电影或电视作品的片头、片尾或正片下方出现的解说文字，如影片的片名、演职员表、唱词、对白、解说词以及人物简介、地名标识等都称为字幕。本章学习在 Premiere Pro 中添加字幕、格式化字幕、添加动态字幕的方法和技巧。

知识目标

● 了解字幕窗口的布局。
● 了解各种字幕风格。
● 掌握字幕的设计方法。

技能目标

● 掌握创建静态和动态字幕的方法。
● 掌握创建形状字幕、路径字幕的方法。
● 掌握制作动态字幕的相关技能。

慕课视频

字幕设计

8.1 创建字幕

在 Premiere Pro 中，有单独的字幕设计窗口。在这个窗口里，可制作出各种常用类型的字幕，可以是普通的文本字幕，也可以是简单的图形字幕。

8.1.1 添加文字

选择菜单栏中的"字幕→新建字幕"选项，或使用"Ctrl+T"组合键，弹出"新建字幕"对话框。在这里，可以对创建的字幕的宽高比、时基、像素长宽比以及名称进行设置，如图 8-1 所示。

设置完成后，单击"确定"按钮，打开字幕设计窗口。字幕设计窗口主要分为 6 个区域。

图 8-1

编辑区：字幕的制作在编辑区域里完成。

工具面板：里面有制作字幕、图形的 20 种工具。

样式面板：其中有系统设置好的多种文字风格，也可以将自己设置好的文字风格存入风格库中。

属性面板：里面有针对字幕、图形设置的属性、填充、描边、阴影等选项组。其中，在"属性"选项组中，用户可以设置字幕文字的字体、大小、字间距等；在"填充"选项组中，可以设置文字的颜色、透明度、光效等；在"描边"选项组中，可以设置文字内描边、外描边；在"阴影"选项组中，可以设置文字阴影的颜色、透明度、角度、距离和大小等。

动作面板：可以对文字的位置进行分布、对齐等设置。

其他工具栏：包含设置字幕运动或其他设置的工具按钮，如图 8-2 所示。

图 8-2

单击以选中工具面板中的文字工具，在编辑区中需要添加字幕的位置处单击，出现矩形文字框和光标。在这里，用户可以直接输入需要添加的字幕，按回车键，完成字幕的创建；然后调整字幕位置，如图 8-3 所示。

图 8-3

8.1.2　添加段落文字

段落文字是指为影片添加一段或者多段带有段落属性的文字，包含缩进、行距、段间距等属性。下面介绍添加段落文字的方法。

单击以选中工具面板中的区域文字工具，在编辑区需要添加字幕的位置处单击，出现矩形文字框和光标。在这里，用户可以直接输入需要添加的段落文字，按回车键，完成段落文字的创建，调整段落文字位置，如图 8-4 所示。

图 8-4

8.2 设计字幕风格

字幕风格指的是通过更改字幕的字体、大小、外观等属性，使字幕跟影片风格相契合，或者增加影片的趣味性。本节将为大家介绍设计字幕风格的方法。

8.2.1 更改字幕外观

对字幕外观的设置，主要是在"字幕属性"面板中进行。可以通过调整以下选项组中选项的数值进行具体设置。

（1）"变换"选项组。在这里可以通过调整"不透明度"选项的数值，调整字幕的不透明度；通过调整"X位置"和"Y位置"的数值，调整字幕的左右和上下的位置；通过调整"宽度"和"高度"选项的数值，调整字幕的宽度和高度；通过调整"旋转"选项的数值，改变字幕的旋转角度。

（2）"属性"选项组。在这里，用户可以通过调整"字体系列"和"字体样式"选项来设置字幕的字体和样式；通过调整"字体大小"选项来调整字体的大小；通过调整"宽高比"选项的数值来等比例调整文字的宽窄；通过调整"行距"选项的数值来调整字体的行间距；通过调整"字偶间距"选项的数值来调整文字到光标后的间距；通过调整"字符间距"选项的数值来调整字符之间的距离；通过"基线位移"选项来调整文字在文本框里的上下位置；通过调整"倾斜"选项来调整文字的倾斜角度；通过勾选"小型大写字母"复选框和调整"小型大写字母大小"选项来快速更改选定的英文字母为大写及设置其大小；通过勾选"下划线"复选框来为选定的文字添加下划线；通过调整"扭曲"选项的X、Y数值来调整文字的扭曲程度。

拖曳鼠标，可以改变"字体大小""外观""行距""字距""跟踪""基线位移""倾斜""大写字母尺寸"等参数。勾选"小型大写字母"或"下划线"复选框，可对字母进行大写或下划线设置。展开"扭曲"选项，还可以对文字X、Y轴的扭曲变形参数进行设置。

（3）"填充"选项组。调整填充是对文字的颜色或透明度进行设置。选中并展开"填充"选项组，可对文字的"填充类型""颜色""不透明度"选项进行设置。勾选"光泽"或"纹理"复选框，可对文字添加光晕、金属光泽或填充纹理图案等。

（4）"描边"选项组。"描边"选项组用来对文字内部或外部进行描边。展开"描边"选项组，可分别对文字添加"内部描边"和"外部描边"，并对描边的"类型""大小""填充类型""颜色""不透明度"以及"光泽"和"纹理"参数进行设置。

（5）"阴影"选项组。勾选"阴影"复选框，可对文字阴影的"颜色""不透明度""角度""距离""大小""展开"参数进行设置。

（6）"背景"选项组。勾选"背景"复选框，可对文字添加背景。在此选项组可以选择背景的填充类型，对填充背景的"颜色""不透明度"以及对"光泽"和"纹理"参数进行设置。

8.2.2 保存自定义样式

字幕设计窗口内置了一些字幕样式，用户可以直接调用，用户也可以将调整好的字幕保存为自定义样式，以便以后直接调用。编辑好字幕效果后，单击样式面板左上角的扩展按钮，在弹出的菜单中选择"新建样式"选项，在弹出的对话框中设定新建样式的名称，单击"确定"按钮，如图8-5所示，完成创建，新建的自定义样式出现在样式面板中。

图 8-5

今后若想使用这种样式的效果，只需选中文字对象，并在样式面板中选择该自定义样式即可。若要删除该样式，可在样式面板选择该样式后单击鼠标右键，在弹出的快捷菜单中选择删除该样式。

8.2.3 创建一个 Photoshop 字幕或图形

作为 Adobe 家族的一员，Premiere Pro 支持导入使用 Photoshop 制作的字幕或图形，用户可以先在 Photoshop 中制作完成想要的字幕或图形，保存。在字幕设计窗口编辑区单击鼠标右键，在弹出的快捷菜单中选择"图形→插入图形"选项，弹出"导入图形"对话框，找到并选中所保存的 Photoshop 文件（扩展名为 .psd），单击"打开"按钮，即可导入 Photoshop 制作的字幕或图形，如图 8-6 所示。

图 8-6

对字幕设置完成后，关闭字幕设计窗口，系统会自动对字幕进行保存，并将其作为一个素材添加到项目窗口中。

当需要对已制作好的字幕进行修改时，只需双击该字幕素材，即可重新打开该字幕的字幕设计窗口，对字幕进行修改。修改后，关闭字幕设计窗口，系统会自动将修改后的字幕保存。

　　将保存后的字幕文件（素材）从项目窗口中拖曳到时间线窗口的视频轨道上，即可对节目添加字幕。

　　若需要将字幕叠加到视频画面中，可以将该字幕文件拖曳到对应的视频素材上方的轨道上。将编辑线移动到字幕文件（素材）的起始位置，单击节目播放器的"播放"按钮，便可观看效果。

　　系统默认的字幕播放时间长度为 3 秒，用户可以在轨道上拖曳字幕文件（素材）的左右边缘，通过改变其长度来调整播放时间长度。此外，还可以通过拖曳字幕文件（素材）来修改字幕播放的起始和结束时间位置，如图 8-7 所示。

图 8-7

8.3　处理形状

　　在 Premiere Pro 中，用户可以在字幕设计窗口直接为视频添加形状，并进行自定义调整。本节将带大家学习利用字幕设计窗口为影片添加形状。

8.3.1　创建形状

　　新建一个字幕，在字幕设计窗口的工具面板，找到创建形状区域。在这里，用户可以选择使用"钢笔工具"，在编辑区直接绘制想要的形状，如图 8-8 所示；也可以单击选择想要创建的图形，按住鼠标左键，在编辑区拖动鼠标，绘制出大小合适的形状。

　　绘制完成后，可以在右侧"字幕属性"面板设置图形的不透明度、位置、填充颜色等属性。

图 8-8

8.3.2　添加图形

Premiere Pro 支持将图形插入文本中。用户可以在编辑区创建好文字字幕后，将光标移动到想要添加图形的位置，单击鼠标右键，在弹出的快捷菜单中选择"图形→将图形添加到文本"选项，从而在文本中添加图形，如图 8-9 所示。

图 8-9

8.3.3　对齐形状

如果用户在字幕设计窗口创建了多个形状，可以利用动作面板的相应按钮，对形状进行对齐、分布等操作。单击以选中选择工具，按"Shift"键，选中需要对齐的形状，单击动作面板上需要的对齐和分布方式按钮，对齐形状，如图 8-10 所示。

用户也可以选中形状，在编辑区中单击鼠标右键，在弹出的快捷菜单中选择"排列"选项，调整图层的叠加顺序。

图 8-10

8.4　创建动态字幕

在 Premiere Pro 中，除了静态字幕，用户还可以通过字幕设计窗口创建动态字幕。动态字幕有两种形式，包括上下方向的滚动字幕和左右方向的游动字幕。

8.4.1　创建滚动字幕

（1）选择菜单栏中的"字幕→新建字幕→默认滚动字幕"选项，在"新建字幕"对话框设置好字幕名称后，单击"确定"按钮。打开字幕设计窗口，单击"滚动 / 游动选项"按钮，弹出"滚动 / 游动选项"对话框，设置"字幕类型"为"滚动"，勾选"开始于屏幕外"和"结束于屏幕外"复选框，单击"确定"按钮，如图 8-11 所示；将想要做滚动效果的文字复制到字幕设计窗口中，设置好字体、大小、行距和字幕的整体版式等。

图 8-11

（2）如果想要在滚动字幕里加入图形素材，可以在字幕设计窗口任意处单击鼠标右键，在弹出的快捷菜单中选择"图形→插入图形"选项，将图片素材插入字幕设计窗口中，通过动作面板中的按钮将图片和文字对齐排序，满意后关闭字幕设计窗口。

（3）在项目窗口中找到并预览创建的滚动字幕，将其拖曳到时间线上的合适位置，调整字幕滚动时长至满意为止，如图 8-12 所示。

图 8-12

8.4.2 创建游动字幕

（1）选择菜单栏中的"字幕→新建字幕→默认游动字幕"选项，在弹出的"新建字幕"对话框中设置好字幕名称后，单击"确定"按钮。打开字幕设计窗口，单击"滚动 / 游动选项"按钮，弹出"滚动 / 游动选项"对话框，根据需要选择"向左游动"或"向右游动"，勾选"开始于屏幕外"和"结束于屏幕外"复选框，单击"确定"按钮，如图 8-13 所示；将想要做游动效果的文字复制到字幕设计窗口中，设置好字体、大小、行距和字幕的整体版式等。

图 8-13

（2）与创建滚动字幕一样，创建游动字幕时，也可以加入图形素材。如果需要在游动字幕中加入图形素材，可以在字幕设计窗口任意处单击鼠标右键，在弹出的快捷菜单中选择"图形→插入图形"选项，将图片素材插入字幕设计窗口中，通过动作面板中的按钮将图片和文字对齐排序，满意后关闭字幕设计窗口。

（3）在项目窗口中找到并预览创建的游动字幕，将其拖曳到时间线上的合适位置，调整游动字幕时长至满意为止。

8.5 应用字幕模板

在 Premiere Pro 中，用户可以将创建的字幕保存为模板，以便以后调用。具体方法如下所示。

（1）在字幕设计窗口设置好要保存为模板的字幕文件，关闭字幕设计窗口。

（2）在项目窗口选中想要保存为模板的字幕文件，选择菜单栏中的"文件→导出→标题"选项，如图 8-14 所示，将字幕文件保存为扩展名为 .prt1 的文件。

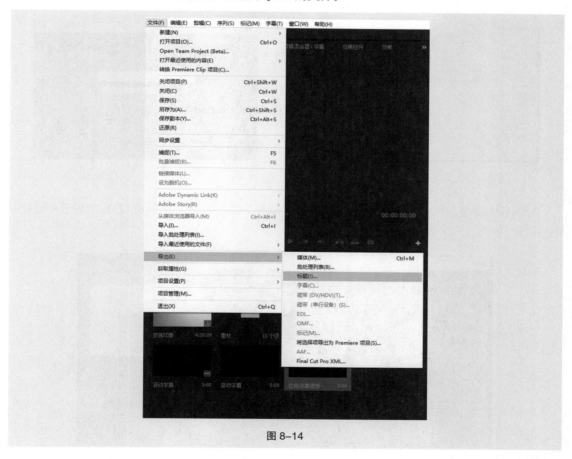

图 8-14

（3）选择菜单栏中的"字幕→新建字幕→基于模板"选项，弹出"模板"对话框。在这里，用户可以导入和管理字幕模板。单击"模板"对话框右上角的扩展按钮，在弹出的菜单中选择"导入文件为模板"选项，如图 8-15 所示。

（4）在弹出的"将字幕导入为模板"对话框中，选中之前保存的字幕模板文件，单击"打开"按钮，在弹出的"另存为"对话框中设置模板名称，单击"确定"按钮，完成模板的导入，如图 8-16所示。

图 8-15

图 8-16

导入后的模板存放在"模板"对话框的"用户模板"文件夹中，用户可以在这里对导入的模板进行管理，如图 8-17 所示。

图 8-17

8.6 课堂案例——制作影视片尾滚动字幕

打开文件夹"8.6"，根据所给素材，进行影视片尾滚动字幕的制作。具体操作步骤如下所示。

（1）新建一个项目，将其命名为"第8章课堂案例"，将文件夹中的视频素材导入项目窗口中，新建一个分辨率为1920像素×1080像素的序列，将其命名为"片尾滚动字幕"。

（2）将素材拖曳到时间线上，根据音乐的节奏和镜头的切换，为视频添加"缩放"和"位置"效果的关键帧：将"时间线播放指示器"拖曳到合适的位置，分别打开两个效果的关键帧开关，系统自动添加起始关键帧。播放素材至合适位置，调整两个效果的参数，将素材调整至合适的位置和大小，如图8-18所示。

扫码观看
案例操作1

扫码观看
案例操作2

扫码观看
案例成片

图8-18

（3）选择菜单栏中的"字幕→新建字幕→默认滚动字幕"选项，弹出"新建字幕"对话框，设置字幕名称为"职员表"，单击"确定"按钮。打开字幕设计窗口，单击"滚动/游动选项"按钮，在弹出的"滚动/游动选项"对话框中设置"字幕类型"为"滚动"，勾选"开始于屏幕外"和"结束于屏幕外"复选框，并确保打开右上角的"显示背景视频"图标，如图8-19所示。

图8-19

将片尾滚动字幕的文字内容复制到字幕设计窗口的右边，选择好字体、大小、行距和字幕的整体版式等，并拖曳上、下滑动条浏览效果，如图8-20所示。

图8-20

　　（4）将字幕设计窗口右边的上、下滑动条向下拖曳一些，在字幕设计窗口的任意处单击鼠标右键，在弹出的快捷菜单中选择"图形→插入图形"选项，将Logo素材插入字幕设计窗口中，将其接在文字的后面并排好版面，如图8-21所示，满意后关闭字幕设计窗口。

图8-21

　　（5）在项目窗口找到并预览创建的滚动字幕，将其拖曳到时间线上素材的"添加结束关键帧"处，调整字幕滚动时长至满意位置，如图8-22所示。

图 8-22

（6）添加字幕后，可以使用关键帧制作一个恢复原大小的动画。选中时间线上的视频素材，打开"特效控件"面板，选中前面制作的结束时的"位置"和"缩放"关键帧，单击鼠标右键，在弹出的快捷菜单中选择"复制"选项，复制关键帧。将"时间线播放指示器"拖曳到想要制作恢复原大小动画的开始位置，单击鼠标右键，在弹出的快捷菜单中选择"粘贴"选项，粘贴关键帧；将"时间线播放指示器"移动到想要恢复原大小的开始位置，向后播放，在想要恢复原大小的位置调整"缩放"和"位置"效果的参数，恢复素材画面到原大小，如图 8-23 所示。

图 8-23

（7）分别在视频素材的开头和结尾处单击鼠标右键，在弹出的快捷菜单中选择"应用默认过渡"选项，为视频素材添加渐入和渐出效果，播放预览，调整细节。

8.7 课后习题——制作卡拉 OK（唱词）字幕

【习题知识要点】根据本章提供的案例和技能知识，用所给的视频素材添加动态字幕，制作出卡拉 OK（唱词）字幕效果。

要求：用所给的视频素材，添加片头字幕，设计唱词，制作出卡拉 OK（唱词）字幕效果，最后输出为 MP4 文件。

扫码观看
案例操作 1

扫码观看
案例操作 2

扫码观看
案例成片

第 9 章

导出作品

▶ 本章导读

　　导出作品是数字视频编辑的最后一个环节。在导出环节，用户可以设置导出的格式和存储的位置，还可以选择导出视频的范围，可以选择导出音乐、图像序列或动态视频、单帧文件。

知识目标

- 了解常见的音视频文件格式。
- 掌握导出视频的相关方法。
- 掌握导出单帧图片的方法。
- 掌握导出图像序列的方法。

技能目标

- 掌握导出不同格式文件的方法。
- 掌握导入和导出序列的方法。

慕课视频

导出作品

09

9.1　常见的视频格式

一个视频文件的格式是由视频编码格式和视频封装格式（视频格式）两部分共同组成的。视频编码方式就像是瓶子里的酒，而封装格式就像是瓶子。酒的原料和酿造方式决定了酒的味道，同样，选择什么样的编码方式，决定了视频的质量和播放媒介；而封装格式会将完成编码的视频和音频结合在一起，使其成为一条能够被播放的多媒体视频。

常见的视频编码格式和封装格式有以下几种。

（1）Apple ProRes 系列编码：由苹果公司开发的视频编码格式，MOV 封装。其特点是体积小、质量高，能够充分利用多核处理性能，具有多码流实时编辑性能。目前，ProRes 有 6 个版本，分别为 ProRes Proxy、ProRes 422 LT、ProRes 422、 ProRes 422 HQ、ProRes 4444 及 ProRes 4444 XQ，不同的版本可以应用在不同的使用场景中。

（2）AVID DNxHD/HR 系列编码：Avid 公司推出的一种视频编码格式，MXF 或 MOV 封装。其主要特点是，可以利用较少的存储空间与带宽来满足多次合成的需要。进行格式转换时，能有效避免分辨率损失现象的产生。目前，常用的是 DNxHR，它比 DNxHD 支持更大范围的分辨率（支持 4K）。常用的有 5 个版本分别为 DNxHR LB、DNxHR SQ、DNxHR HQ、DNxHR HQX 及 DNxHR 444。

（3）H.264 编码：由国际电信联盟所制定的视频编码格式，同一家族的编码方式还有 H.261、H.263、H.263+、H.265（HEVC）。H.264 最大的特点是其具有更高的数据压缩比，即在同等的图像质量条件下，经过 H.264 编码后的视频文件的文件量会更小，在网络传输过程中所需要的带宽更少，也更加经济。H.264 编码可以通过 MP4、MOV 等多种方式封装。

（4）MPEG 视频编码：国际标准化组织与国际电工委员会推出的多媒体编码标准。其主要包括 MPEG-1、MPEG-2 和 MPEG-4。MPEG-1 曾被广泛地用于 VCD（Video Compact Disk）的制作，绝大多数的 VCD 采用 MPEG-1 格式压缩。MPEG-2 特别适用于广播级的数字电视的编码和传送，被认定为 SDTV 和 HDTV 的编码标准。MPEG-4 提供了低码率、高质量的视频压缩、编码方案，在家庭摄影录像、手机拍摄、网络实时影像播放中大有用武之地，推动了网络视频的进一步发展。MPEG 编码常用的封装格式有 MPG、MPEG、MP4、TS。

（5）DVCPRO HD 编码：松下公司开发的一种专业级数字广播摄录格式，封装格式为 MXF。其一般用于松下专业摄影机与项目之间的交换，可满足现场演播室以及更多广播级和专业级应用的需要。

（6）AVI 编码：微软公司推出的一种多媒体封装格式，它可以封装几乎所有的视频编码方式。这种视频格式的优点是可以跨多个平台使用；缺点是体积过于庞大，而且压缩标准不统一，对于常见的非线性编辑软件兼容性较差。

9.2　导出媒体

输出影片是最常用的输出方式，将编辑完成的项目文件以视频格式输出，可以输出编辑内容的全部或者某一部分，也可以只输出视频内容或者只输出音频内容。一般是将全部的视频和音频内容一起输出。

下面以 H.264 格式为例，介绍输出影片的方法，其具体操作步骤如下所示。

（1）选择菜单栏中"文件→导出→媒体"选项，弹出"导出设置"对话框。

（2）在"格式"下拉列表中选择"H.264"选项。

（3）在"预设"下拉列表中选择"HD 1080p 25"选项，如图 9-1 所示。

图 9-1

（4）在"输出名称"文本框中输入文件名并设置文件的保存路径，勾选"导出视频"复选框和"导出音频"复选框。

（5）设置完成后，单击"导出"按钮，开始渲染输出视频。渲染完成后，即可生成所设置的 H.264 编码影片。如果想同时导出多段剪辑序列，可以在设置完成后，单击"队列"按钮，系统会自动打开 Adobe Media Encoder 窗口（需要提前安装 Adobe Media Encoder 软件），待所有序列添加完成，单击右上角的"开始队列"按钮渲染输出视频，渲染完成后，可以生成多个文件，如图 9-2 所示。

慕课视频

输出设置 3

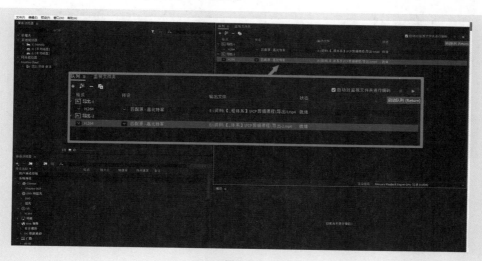

图 9-2

Adobe Media Encoder 软件除了可以用于导出 Premiere Pro 发送的剪辑序列，还可以用来进行视频转码、转 Premiere 的代理文件、压缩视频等工作。

9.3 导出单帧

在 Premiere Pro 中，可以将视频输出为静态图片，也就是说将视频画面的某一帧输出为一张静态图片。导出单帧的方法有以下两种。

（1）通过菜单栏中的导出命令导出单帧文件。具体操作步骤如下所示。

① 在时间线窗口中，将"时间线播放指示器"拖曳到想要输出的帧上。

② 选择菜单栏中的"文件→导出→媒体"选项，弹出"导出设置"对话框，在"格式"下拉列表中选择想要的图片格式，这里选择"PNG"格式；在"预设"下拉列表中选择是否带有通道选项；在"输出名称"文本框中输入文件名并设置文件的保存路径，勾选"导出视频"复选框；在"视频"选项卡中决定是否勾选"导出为序列"复选框（如果只导出一张图片，不勾选此复选框；如果要导出图片序列，则需要在导出之前设定输出范围，然后勾选此复选框），其他参数保持默认设置，如图 9-3 所示。

图 9-3

③ 设置完成后，单击"导出"按钮，即可生成"时间线播放指示器"所在帧的静止图片。

（2）利用节目监视器窗口中的"导出帧"按钮导出单帧文件。具体操作步骤如下所示。

① 在时间线窗口中，将"时间线播放指示器"拖曳到想到输出的帧上。

② 节目监视器窗口中的"导出帧"按钮，如图 9-4 所示。

图9-4

③ 如图9-5所示，在弹出的"导出帧"对话框中设置想要导出的静态图片的名称、格式，单击"浏览"按钮，设置图片的导出位置（如果想要将导出的静态图片直接导入项目中，则可以勾选"导入到项目中"复选框），单击"确定"按钮，导出单帧文件。

图9-5

9.4 导出序列

Premiere Pro 允许用户通过交换文件，将经过编辑的序列导出，并在其他计算机、非线性编辑平台或者调色软件中进行编辑，具体方法如下所示。

（1）在项目窗口中选中想要导出的序列文件。

（2）选择菜单栏中的"文件→导出→Final Cut Pro XML"选项，在弹出的对话框中，设置导出文件的名称和存储位置，单击"保存"按钮，如图9-6所示。

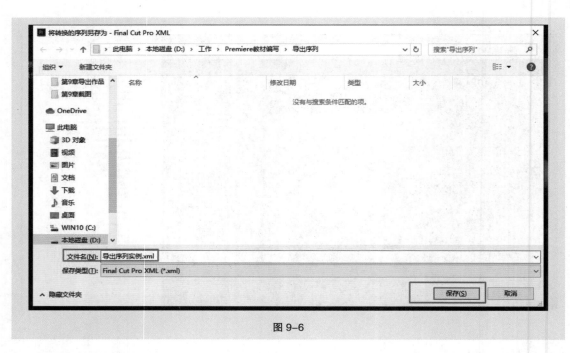

图 9-6

如果想要导入该序列文件，可以选择菜单栏中的"文件→导入"选项，弹出"导入"对话框，选中所导出的 XML 文件，单击"打开"按钮（或双击该文件），从而将导出的序列文件导入新的项目中，如图 9-7 所示。

图 9-7

9.5 课堂案例——导出序列帧

打开文件夹"9.5"，使用所给素材，进行"导出序列帧"实例的剪辑。具体操作步骤如下所示。

（1）导入素材。新建一个项目，将其命名为"导出序列帧"。新建一个分辨率为1280 像素 ×1080 像素，帧速率为 25 帧 / 秒的序列，导入素材到项目窗口中。

（2）剪辑。将项目窗口中的素材拖动到时间线上，剪辑素材，添加音乐和字幕。

（3）输出。在时间线上选好入点和出点，按"Ctrl+M"组合键，弹出"导出设置"对话框。在"导出设置"选项组中，选择想要的图片格式，本例选择"JPEG"格式；"预设"选择为"JPEG 序列（匹配源）"，入点和出点之间的剪辑片段将以图片序列的方式输出，分辨率和帧速率与剪辑设置相同；设置"输出名称"为"风景序列帧 .jpg"；

查看"视频"选项卡中的"导出为序列"复选框有没有被勾选，如果没有，勾选此复选框，单击"导出"按钮，如图 9-8 所示。

图 9-8

输出后，文件是以"设定的文件名 + 有序排列的数字编号"的名称按顺序排列的，如图 9-9所示。

图 9-9

9.6 课后习题——视频导出对比练习

【习题知识要点】通过对本章内容的学习，使用所给的素材剪辑短视频并选择导出不同格式的成片文件。

要求：

（1）剪辑。打开素材文件夹"9.6"，根据所给素材和音乐进行剪辑，在相应位置合理添加视频效果，剪辑完成。

（2）输出。要求分辨率为 1920 像素 ×1080 像素，帧速率为 25 帧/秒，视频编码和封装格式可以选择 AVI、MOV、MP4、TGA 序列等 4 种不同的格式，输出后对比其文件大小和播放效果。

注意：输出比特率统一设置为 10 Mbit/s，如果选择的预设不能修改比特率，则保持默认设置。

第 10 章

综合实战

> ▶ **本章导读**

宣传片是企业对外宣传的重要载体，是展示企业形象的重要手段。微视频是新媒体技术迅速发展的产物，也是当下热门的传播形式。本章进行实际工作项目的训练，带领学习者掌握宣传片和微视频的策划、分镜头设计、剪辑制作、特效制作和影片输出的全流程。

知识目标

- 掌握实际工作中数字媒体剪辑的工作流程。
- 掌握宣传片和微视频的创作流程。

慕课视频

综合实战

技能目标

- 掌握视频策划、分镜头设计、剪辑和输出的技能。
- 掌握宣传片和微视频的创作技能。

10.1 宣传片创作

视频宣传片是一个企业对外宣传的重要载体，是展示企业形象的重要手段，目的是凸显企业独特的风格面貌、彰显企业实力，让社会不同层面的人士对企业产生正面、良好的印象，从而提升对该企业的好感度和信任度，并信赖该企业的产品或服务。

扫码观看案例操作　扫码观看案例成片

宣传片主要用于促销现场、项目洽谈、会展、活动、竞标、招商、产品发布会、会议等场合。

本节将通过一个具体案例，带领大家熟悉宣传片剪辑的具体方法和步骤。

10.1.1　项目效果

一个宣传片项目，需要尽可能地展现客户整体的形象，如果是公司或企业，则要展示公司的整体实力、产品特点、专利技术、团队风采、社会担当和未来发展等方面；如果是城市或者景区宣传片，则要重点突出区位优势、自然风光、人文特色、物产丰富等特点。

除了前期的策划和拍摄，后期剪辑也尤为重要，好的剪辑能够通过镜头语言和特有的风格，将要传递的信息完美地传递给广大受众。

在剪辑之前，先要了解客户需求及导演想要呈现的效果。本节的案例是一部旅游宣传片，客户是浙江安吉县，旨在通过一位初到安吉的客人来介绍安吉的文化和特产。

视频素材保存在"Ch10 → 10.1 宣传片创作→素材"文件夹中。

参考样片为"Ch10 → 10.1 宣传片创作→样片→安吉宣传片 _ 样片 .mp4"。

10.1.2　新建项目

慕课视频

重新链接媒体

1．新建项目

启动 Premiere Pro CC 软件，进入"开始"界面，单击"新建项目"按钮，弹出"新建项目"对话框，选择文件的保存路径，在"名称"文本框中输入文件名称"安吉印象"，单击"确定"按钮，完成项目的创建，如图 10-1 所示。

图 10-1

2. 新建序列

选择菜单栏中的"文件→新建→序列"选项，弹出"新建序列"对话框，选择"设置"选项卡，设置分辨率为 1920 像素 ×1080 像素，帧速率为 25 帧 / 秒，如图 10-2 所示。

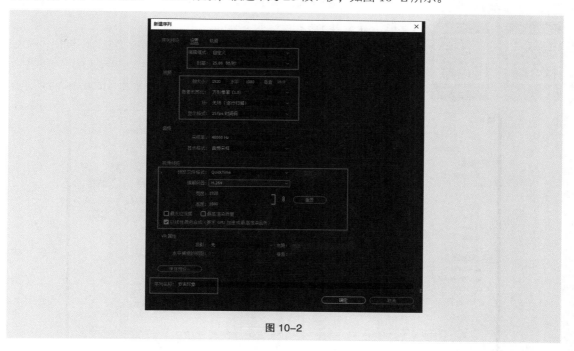

图 10-2

选择"轨道"选项卡，设置主声道为"立体声"，音频轨道为 3 条，"轨道类型"均为"标准"，如图 10-3 所示。单击"确定"按钮，完成序列的创建。

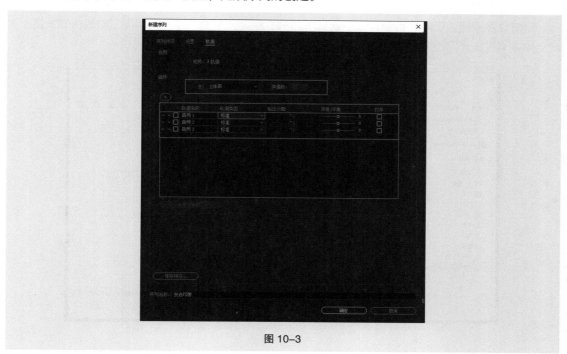

图 10-3

10.1.3 剪辑素材

新建项目完成后，进入剪辑阶段。剪辑阶段一般分为初剪和精剪。剪辑师需要根据脚本内容梳理素材，将素材按照一定逻辑归类，以便于剪辑时查找。素材归类完成后，导入素材，开始初剪。

具体操作步骤如下所示。

（1）选择菜单栏中的"文件→导入"选项，弹出"导入"对话框。在"导入"对话框中，选中想要导入的一个或多个文件，单击"打开"按钮，导入所选素材，如图 10-4 所示。

图 10-4

也可以在"导入"对话框中，选中素材所在的文件夹，单击"导入文件夹"按钮，导入整个素材文件夹中的素材，如图 10-5 所示。

图 10-5

如果导入的文件夹中有含有可识别素材的子文件夹，那么，导入 Premiere Pro 中后，文件将按照原目录顺序排列，如图 10-6 所示。

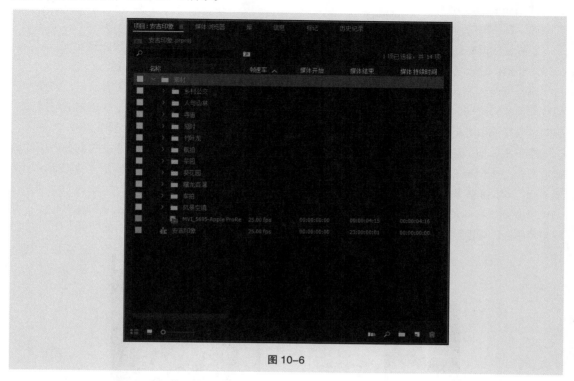

图 10-6

也可以将可识别的素材和文件夹拖曳到 Premiere Pro 的项目窗口中，素材和文件夹的排列方式同上。

（2）进入初剪阶段，在项目窗口中，根据脚本内容，选择合适的镜头片段添加到时间线上。如果有配音或者配乐，则先将配音和配乐添加到时间线上，再根据配音内容和时长，或者配乐的节奏，确定选取的镜头片段的时长。

可以利用三点剪辑或者四点剪辑的方法，或者选取合适的蒙太奇手法，将选取的素材排列到时间线上，如图 10-7 所示。如果缺少素材，则可以进行补拍，或者搜集、购买影视素材。

图 10-7

（3）将素材添加到时间线上后，进入精剪阶段。在这个阶段中，要对素材进行细化调整，包括添加特效、转场、设置字幕、处理音频等，从而使影片达到流畅、完整的效果。

10.1.4　使用特效

在 Premiere Pro 中，宣传片项目常用的特效有画面的放大和缩小、画面位置变化、素材的加速和减速、镜头的防抖和畸变校正、画面调色等。

首先，根据序列的设定，使用"效果控件"面板中的"缩放"选项将所有剪辑调整为统一画幅，如果需要裁切，则可以结合"位置"选项将需要突出的主体移动到画面的合适位置。

调整好画幅后，可以使用"效果"面板"视频效果"中的特效对画面进行色彩校正，使整个宣传片项目色彩统一。前期拍摄时，遇到的画面若曝光过度或者过暗，则可以通过调色来进行调整；同时，与导演或者摄像沟通，了解宣传片想要的色彩风格，在调色时进行风格化创作。

接下来，根据剧情要求，添加合适的加速或者减速效果。选中想要添加加速或者减速效果的剪辑片段并单击鼠标右键，在弹出的快捷菜单中选择"速度／持续时间"选项，弹出"剪辑速度／持续时间"对话框。调整"速度"选项的数值（数值低于 100% 表示减速，高于 100% 表示加速），如果想要倒放剪辑片段，则可以勾选"倒放速度"复选框，倒放剪辑片段。单击"确定"按钮，完成剪辑片段的速度调节，如图 10-8 所示。

图 10-8

如果剪辑片段中有抖动的情况出现，则可以为片段添加一个稳定效果。打开"效果"面板，选中"视频效果→扭曲→变形稳定器"效果，将其拖曳到剪辑片段中。为剪辑片段添加"变形稳定器"效果后，软件会自动分析剪辑画面中是否存在的抖动，并自动调整。如果自动分析的效果达不到预期，则可以打开"效果控件"面板，调整"变形稳定器"中的效果参数，直至满意为止，如图 10-9 所示。

图 10-9

10.1.5　添加转场

添加转场效果，可以增加宣传片的节奏感。在精剪阶段，根据宣传片的整体节奏，可以为剪辑片段添加"交叉溶解""渐隐为黑色""渐隐为白色"等转场效果，添加转场效果后，可以根据不同需要，调节转场的长度（帧数），如图 10-10 所示。

图 10-10

10.1.6　设置字幕

在宣传片中，通常可以通过字幕来配合解说来直观地介绍企业或者产品的相关信息，也可以使用字幕来介绍、渲染氛围，如图 10-11 所示。常用到的字幕类型有解说字幕、人名 / 地名字幕、说明介绍字幕等。

图 10-11

在添加字幕时，需要注意字幕的字体、颜色、位置和字间距，可以给字幕加上适当的效果，如描边和阴影；也可以打开"效果"面板，通过拖曳"视频效果"中的效果为字幕添加一些运动效果，如放大、扩散等。

10.1.7　处理音频

在视频宣传片项目中，音频的作用非常关键，好的音频不仅能够烘托宣传片的气氛，还能够增添宣传片的节奏感。在宣传片中，常用到的音频类型有背景音乐、人声配音、环境音、效果音等。

背景音乐：宣传片的基底音乐。根据不同的宣传片类型，同一个宣传片里不同的章节，可以选择不同的背景音乐。

人声配音：通常起到说明和介绍作用，可以通过剪辑对应不同的剪辑画面。

环境音：起到烘托气氛的作用，可以是早晨的鸟叫、喧闹的人群、空山流水、风拂过树叶等。

效果音：可以通过增加一些科技感节奏感较强的效果音，增加宣传片质感。

通过剪辑和混音，可以将各种类型的音频素材结合起来，以契合宣传片的内容。可以通过音量指示器控制背景音乐的音量；通过调整均衡器来控制整体的声调和频率；通过"自适应降噪"效果来处理环境音和人声配音；还可以通过"混响"效果来营造一些空间效果。

还可以为音频添加音频过渡以衔接不同的章节和音频片段，使音频之间的过渡更加自然。

在本案例中，除了背景音乐外，还用到了各种环境音，包括流水音频采样、鸟叫音频采样、汽车行驶声音采样、孩子欢笑的声音采样等，将这些采样拖曳到时间线上，通过调整音量和混响，与背景音乐混合在一起，如图 10-12 所示。

图 10-12

10.1.8　渲染导出

视频经过所有的调节后，进入导出阶段。根据宣传片用途的不同，导出阶段的设置也有所不同，要根据实际用途选择合适的编码格式进行输出。例如，如果宣传片用于网络传播，那么输出比特率就不需要太大；如果用于电视媒体播放，就要根据要求，输出正确的制式、分辨率和格式；如果用于 LED 屏播放，就要根据不同的屏幕规格，导出合适尺寸和分辨率的文件。总之，要在了解客户需求和目的的前提下去渲染和导出文件。

本案例主要用于互联网传播，所以设置编码方式为"H.264"，"预设"选择"HD 1080p 25"（高清格式，分辨率为 1920 像素 ×1080 像素，帧速率为 25 帧 / 秒）。选择预设后，可以直接输出，也可以在"比特率设置"选项中，调整"目标比特率"的数值，得到合适的文件大小，如图 10-13 所示。

图 10-13

10.2 微视频创作

微视频是新媒体技术迅速发展下的产物，也是当下热门的传播形式。微视频的创作，不仅要考虑其内容，还要考虑其形式和传播。一个好的微视频，除了要有好的画面和声音效果，还要有其故事性。所以，微视频的创作需要从策划阶段开始，经历分镜头创作，根据分镜头拍摄影视画面，后期剪辑合成，最终输出成片。各步骤相互衔接，只有这样，才能保证呈现出理想的效果。

10.2.1 策划主题

确定策划主题是微视频创作的开始。不管是电影，还是电视剧、栏目，都有一个主题——这个作品是什么内容的，想要向观众或者受众表达什么。主题包含人物和事件，事件指的是发生了什么事情，而人物就是遇到这件事情的人。

通常，策划一个微视频的主题时，要先明确一个方向，制定一个故事大纲，再根据故事大纲去完善故事的脉络，最后发展成剧本。在前期拍摄和后期剪辑过程中，一定要自始至终地紧扣主题。同时，在策划主题时，要注意选择与目标观众切身相关的题材，选择能够引起观众预期兴趣的类型。

本案例片段介绍的是一段因为吹牛引发的小故事，主题是介绍吹牛的来历，在主题策划时，确定通过一段惊心动魄的小故事，引出对于吹牛的介绍。

10.2.2 分镜头设计

分镜头指的是在电影、电视剧或者微视频拍摄前，使用故事图表的形式来展现剧情发展和镜头构成。通常，分镜头会把剧本细分，包括每个画面的内容和时长、镜头的运动、画面特效、对白、音乐风格及音效等内容。

设计分镜头时，可以通过文字描述展现画面内容和镜头的运动方式，也可以通过手绘或者计算机制作图片来展示。设计分镜头的目的是尽量细化项目，使后期拍摄和剪辑更加有条理，既能保证内容的完整性，又能节省时间成本。

10.2.3 时间线剪辑

短视频的剪辑讲究短小精悍，即用较短的时长表现主题。这既要求影片时长短，又要求影片引人入胜，还要求交代清楚主题。所以在剪辑阶段，要合理地利用蒙太奇手法，搭配音乐音效、人物同期声的形式去表现。

要在较短的时间内抓住观众的眼球，剪辑节奏很重要。本案例使用成组的短镜头、人物表情特写，加上闪回效果以及紧张的背景音乐和音效，表现剧情的紧张感，如图 10-14 所示。

图 10-14

注意：人物的同期声和背景音乐以及效果音、环境音之间要保持平衡，既要使人物同期声清晰，又不能降低音乐和音效带来的氛围感。

10.2.4 输出成片

剪辑完成后，进入输出阶段。输出阶段的详细步骤见本书第 9 章。注意，微视频一般用于网络传播，

输出时可以直接使用 Premiere Pro 内置的网络视频输出预设，也可以根据预设的设置，选择需要的输出格式和选项，如图 10-15 所示。

图 10-15

10.3 课后习题——微视频的策划与制作

【习题知识要点】通过对本章内容的学习，完成一部微视频的策划、拍摄和制作，最终输出成片。

要求：微视频主题要贴近生活，传递正能量；拍摄可以使用手机或数码相机等设备；成片要求时长在 25 秒左右，输出文件适合网络传播。